本书受陕西学前师范学院教材建设项目"环境教育教程"（15JC09）资助；
陕西省教育科学"十二五"规划2013年度课题"陕西省高校开展'环境教育'
的实证调查研究"（SGH13341）项目资助

环境教育教程

主　编　邢兰芹　李　强

西安交通大学出版社
XI'AN JIAOTONG UNIVERSITY PRESS
国家一级出版社
全国百佳图书出版单位

内容简介

环境教育是以人类与环境的关系为核心,以解决环境问题和实现可持续发展为目的,以提高人们的环境意识和有效参与能力、普及环境保护知识与技能、培养环境保护人才为任务,以教育为手段而展开的一种社会实践活动过程。全书共八章内容,分别对环境教育概述、环境科学理论、自然环境、灾害、人地关系、环境伦理、大学生环境行为与环境教育以及环境保护行动等内容进行了阐述。

本书可作为普通高等院校环境科学专业、地理科学专业及其相关专业的教材,也可作为普通高等院校的通选教材。

图书在版编目(CIP)数据

环境教育教程 / 邢兰芹,李强主编. — 西安:西安交通
大学出版社,2018.7
ISBN 978 - 7 - 5693 - 0734 - 4

Ⅰ.①环… Ⅱ.①邢… ②李… Ⅲ.①环境教育-高等
学校-教材 Ⅳ.①X-4

中国版本图书馆 CIP 数据核字(2018)第 147087 号

书　　名	环境教育教程	
主　　编	邢兰芹　李　强	
责任编辑	王建洪	
出版发行	西安交通大学出版社	
	(西安市兴庆南路 10 号　邮政编码 710049)	
网　　址	http://www.xjtupress.com	
电　　话	(029)82668357　82667874(发行中心)	
	(029)82668315(总编办)	
传　　真	(029)82668280	
印　　刷	西安日报社印务中心	
开　　本	787mm×1092mm　1/16　印张 9.625　字数 211 千字	
版次印次	2018 年 8 月第 1 版　　2018 年 8 月第 1 次印刷	
书　　号	ISBN 978 - 7 - 5693 - 0734 - 4	
定　　价	29.80 元	

读者购书、书店添货,如发现印装质量问题,请与本社发行中心联系、调换。
订购热线:(029)82665248　(029)82665249
投稿热线:(029)82665379
读者信箱:xj_rwjg@126.com

前言
FOREWORD

　　建设生态文明是关系人民福祉、关乎民族未来的大计,是实现中华民族伟大复兴中国梦的重要内容。二〇一三年九月七日,习近平总书记在哈萨克斯坦纳扎尔巴耶夫大学发表演讲并回答学生们提出的问题,在谈到环境保护问题时他指出:"我们既要绿水青山,也要金山银山。宁要绿水青山,不要金山银山,而且绿水青山就是金山银山。"这生动形象表达了我们党和政府大力推进生态文明建设的鲜明态度和坚定决心。要按照尊重自然、顺应自然、保护自然的理念,贯彻节约资源和保护环境的基本国策,把生态文明建设融入经济建设、政治建设、文化建设、社会建设各方面和全过程,建设美丽中国,努力走向社会主义生态文明新时代。

　　在全国生态环境保护大会上,习近平总书记发表重要讲话,对全面加强生态环境保护,坚决打好污染防治攻坚战,作出了系统部署和安排。全国生态环境保护大会确立了习近平生态文明思想,这是标志性、创新性、战略性的重大理论成果,是新时代生态文明建设的根本遵循,为推动生态文明建设提供了思想指引和实践指南。

　　环境教育是以人类与环境的关系为核心,以解决环境问题和实现可持续发展为目的,以提高人们的环境意识和有效参与能力、普及环境保护知识与技能、培养环境保护人才为任务,以教育为手段而展开的一种社会实践活动过程。简而言之,环境教育就是以人类与环境的关系为核心而进行的一种教育活动。环境问题是由于人口增长、现代科技和现代生产力迅猛发展所产生的问题。因此,人类对生存环境恶化的担忧导致了环境教育的应运而生,其原始的动机还是来自于人类对自身生命的关爱和珍惜。

　　"环境教育"是实现环境保护目标的一种教育课程,是证明环境价值和澄清概念的一种过程,是培养人们具有理解和评价人、文化及其同环境之间相互关系所必需的技能和态度的过程。它包括要人们遵循为保护环境所做的决策及行为准则的教育。环境教育包括两个方面的任务：一方面是使整个社会对人类和环境的相互关系有一新的、敏锐的理解；另一方面是通过教育培养出消除污染、保护环境以及维护高质量环境所需要的教育从业者。环境教育的实施原则包含：整体性、终身教育、科际整合、主动参与解决问题、世界观与乡土观的均衡、永续发展与国际合作。

"环境教育"是一门多学科相结合的课程，是以环境科学基本理论为指导，以认识环境、认识人地关系、保护环境、解决环境问题为目的的一门公共选修课程。"环境教育"课程的主要目的是：

(1)增强人们对城市和乡村区域中的经济、社会、政治和生态的相互依赖性的认识；

(2)给予每个人保护和改善环境所需要的知识、价值观、态度、决心和技能；

(3)在个人、团体和整个社会中创造出新的有利于环境的行为规范；

(4)培养未来教育从业者的环境保护意识、环境保护技能和环境素质，为其未来在工作岗位中宣传环境保护奠定基础。

本书由陕西学前师范学院邢兰芹、李强担任主编，邢兰芹负责撰写第一章、第二章、第三章、第四章和第七章的内容，李强负责撰写第五章、第六章和第八章的内容。本书在编写过程中，参考并引用了许多专家、学者的著作、论文和相关资料，在此致以深深的谢意。

由于编者水平有限，书中难免有疏漏和错误之处，恳请各位同仁、读者不吝赐教。

邢兰芹

2018 年 6 月

目录
CONTENTS

第一章

绪　论

 教学基本要求

　　熟练掌握环境教育的由来、环境教育的内容、环境教育的目的、环境教育的特点,了解环境教育的发展史。

教学内容

　　1.环境教育的由来、内容、目的和特点;

　　2.环境教育的发展史及发展趋势。

第一节　环境教育概述

➤一、环境教育的内涵

　　20 世纪 70 年代,英国学者卢卡斯提出了著名的环境教育模式:环境教育是"关于环境的教育""在环境中或通过环境的教育""为了环境的教育"。

　　"关于环境的教育",教育学生了解和掌握关于自然环境的知识和信息,同时理解环境与人类的复杂关系,不能孤立地理解环境,就环境论环境,而要将环境看成是一个完整的系统,系统内的各组成部分之间具有密切的相互关联性。因此,从这个意义上说,"关于环境的教育"实际上是"关于环境系统的教育"。

　　"在环境中或通过环境的教育",是指以学生在环境系统中的亲身体验作为环境教育的基本出发点,将环境教育与学生的生活相联系,通过学生的亲身体验去认识环境、了解环境、理解环境、关心环境、保护环境。只有在环境中或通过环境的教育,才能使学生充分而有效地获得对环境系统的情感、态度、价值、知识、信息和技能等。

　　"为了环境的教育"涉及价值、态度和正面的行动,反映了伦理元素。它是指环境教育要直接鼓励学生探索和解决面临的各种环境问题,培养关于环境系统的各种情感、态度、价值并从中获得各种环境知识、信息和技能,形成保护和改善环境的思维方式和行为方式,明白人类在环境系统中必须承担相应的伦理道德责任。

　　尽管环境教育日益受到世界各国的重视并得以蓬勃发展,但人们对环境教育的科学

内涵仍众说纷纭,没能达成共识。

我国学者比较有代表性的是徐辉、祝怀新对环境教育的定义,他们从"环境"概念入手,概括了环境教育的概念:环境教育是以跨学科活动为特征,以唤起受教育者的环境意识,使他们理解人类与环境的相互关系,发展解决环境问题的技能,树立正确环境价值观与态度的一门教育科学。

1970 年,国际自然与自然资源保护联合会在美国内华达会议上明确规定:"环境教育是认识价值和澄清概念的过程,其目的是发展一定的技能和态度。对理解和鉴别人类、文化与其他生物物理环境之间的相互关系来说,这些技术和态度是必要的手段。环境教育还促使人们对环境问题的行为准则做出决策。"换言之,环境教育是培养有科学的环境知识、有解决环境问题的技能、有正确的环境道德意识、有对环境负责任的行为习惯的"四有"国际公民群体的教育实践过程。由于这一定义较为明确地指出了环境教育的性质、作用和目标,后来得到了大多数人的认可。

1977 年第比利斯国际环境教育大会下的定义是:环境教育是各门学科和各种教育经验重定方向和互相结合的结果,它促使人们对环境问题有一个完整的认识,使之能采取更合理的行动,以满足社会的需要。20 世纪 80 年代初,美国《环境教育法》规定,所谓环境教育,是这样一种教育过程:它要使学生就环绕人类周围的自然环境与人为环境同人类的关系,认识人口、污染、资源的枯竭、自然保护,以及运输、技术、城乡的开发计划等,对于人类环境有着怎样的关系和影响。

纵观各种不同的论述,本书认为环境教育是以实现保护环境为目的一种教育,它旨在提高人们环境保护的意识,培养人们能够正确理解和评价人及其环境之间相互关系所必需的技能与态度的过程,是一种热爱自然的情感培育过程。

关于环境教育的概念不是绝对的,它处在不断发展中,因为人们对环境及环境问题的认识与理解是一个不断深化的过程,因此,环境教育内涵的确定也是一个日臻完善的过程。

➢二、环境教育的内容

由于环境问题形式多样,错综复杂,因此,环境教育的内容也很广泛。环境教育并不是单独的专业教育,而是一个综合性的学科,是综合教育,涉及自然科学、社会科学及其相关的各个领域。

(一)环境教育领域视角的内容

1.环境科学知识

环境科学教育也就是自然环境的保护和合理利用以及保持生态平衡等方面知识的教育和相关技能的培养。它着重于认识环境和培养解决环境问题的技能。通过教育培养人类正确地认识自然、保护自然,知道什么是环境和环境问题,了解关于环境和环境问题的科学基础知识,如:自然环境是由水、空气、土壤、岩石、动植物等要素组成,它们形成复杂的生态系统,其中每个要素都是相互依存和相互制约;生态系统的运转要有能量和物质的输入;每一生态系统都有一定的负荷能力,如果超过负荷能力,它的稳定性就会遭到破坏;人是生态系统中的一个组成成分,是一种对生态系统带来巨大影响的成分;珍惜自然资源,节制资源的使用与开发,尤其是珍惜和节制非再生资源的使用与开发,并完善资源的使用方式与开发方式;维护生态平衡,珍惜与善待生命,特别是濒危生物生命;有节制地谋求人类自身的发展与需求的满足,不以损害环境作为发展的代价;积极美化自然,促进环境的良性发展。

2. 环境法制知识

环境教育内容之一就是环境法制教育。在日常生活中,相当一部分人缺乏环境法治意识,不了解环境法律法规约定人们对环境应该做什么,不应该做什么,成为环境问题上的法盲,由于人类的无知或私利,造成对自然的掠夺和环境的破坏。因此,通过宣传和普及环境法规,规定公民对环境的权利和义务,解决环境意识中"能做什么,不能做什么"的问题,自觉遵守国家环境保护的各项方针政策,使人们具有环境法律意识,从而规范和约束人类的种种生产和生活活动,制止人类对自然、对环境的种种破坏行为。

3. 环境伦理观

环境伦理是一定社会调整人与自然之间关系的道德规范的总和,其核心是关于人类尊重、爱护与保护自然环境的伦理道德。环境伦理学是建立环境伦理观的重要理论基础和支柱,在环境教育中处于核心地位。环境伦理学作为环境教育的主要内容和理论体系,对环境教育起指导作用。环境伦理学阐述了人与自然的价值与权利、责任与义务,建立了与之相适应的评判人类行为、意识的生态道德标准。它认为,人类不仅要对人类讲道德,而且要对自然、环境和一切生命体讲道德,将用于人与人之间的善恶、正义、公平等传统道德观念扩大到人与自然、人与环境的关系,明确人类对自然、对环境应负有的伦理道德责任。对道德的理解,在过去只考虑了人与人的关系,而未考虑到人与自然的关系,也就是只强调了道德主体及其相互关系,而忽视了人对环境的责任、义务和良心。只看到了自然、环境对人类具有重要的价值,而忽视了自然、环境自身的固有价值;只看到环境对人类的价值和贡献大小,而忽视了人类对环境损害甚至破坏的多少。环境伦理学的理论要求是确立自然界的价值和自然界的权利的理论,它的实践要求是保护地球上的生命和自然界。这些观点是构筑环境教育的理论基础。根据环境教育的发展,环境伦理观培养在环境教育中日益成为重要内容。最初,环境知识与技能教育是教育的主要内容,环境教育主要是以生态学为主要学科基础的自然教育,环境伦理道德观这一环境教育终极目标体现得不充分,对受教育者正确的环境世界观的教育关注不够。随着环境知识的普及,以及研究者对环境教育成效的反思,环境伦理道德教育目标得到彰显,以哲学为主要学科基础,关注人的世界观的环境伦理观教育日益成为教育内容和教育方式。20世纪90年代末至今,环境伦理学得到了迅速发展,与此相关的"绿色教育""绿色文化"成为新时期环境教育的主要内容。"绿色意识与观念"的环境素养教育,已深入到文化层次。"绿色文化"已渗透到大、中、小学生的环境素质教育中,并渗透到大学的办学方向和教育模式以及评价的标准之中。人们逐渐认识到,要解决生态危机,人类必须进行一次全方位的价值观念变

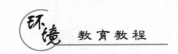

革,培植一种科学地认识和处理人与自然关系的观念,这种观念的核心即是环境伦理学,这是解救生态危机的根本。因此,环境伦理学在环境教育中的核心作用,也是环境教育的必然选择,是人类社会发展的必然结果。但是,确立这样的环境伦理道德观念和意识并不意味着束缚人类对自然的利用、对环境改造,而是强调在环境伦理道德准则要求之下,有节制地、持续地利用自然,有意识地保护环境和改善环境,通过环境伦理道德观的教育和培养,树立起人类对环境的正确态度和情感,从而来调节、引导、规范甚至约束人类的生产方式和生活方式。人类必须有一种道德的责任为维护生态平衡而约束自己的行为,社会的决策也必须符合环境保护的需要。

(二)环境教育层次和教育对象视角的内容

1. 儿童环境教育

儿童环境教育包括幼儿园和小学阶段。幼儿园和小学的孩子对自然、环境的认识处于一种混沌、初始状态,是情感培育与行为养成的建构时期,是环境教育极其重要的对象。这一时期,应用生动的方式将与日常生活密切相关的自然知识和环境知识传授给儿童,建构他们亲近自然、感受自然、认识自然、关心自然、热爱自然的观念。儿童环境教育以多姿多彩的大自然为教育素材和内容,采用"自然教育""自然学习"或"户外教育"的方法,让学生置身于自然之中,了解、观察大自然,感受大自然的美好和壮丽,建立人与自然和谐共处的意识和情感,关爱自然、关爱环境。儿童环境教育对人的一生起着奠基性的作用。这一时期在人的一生中是最容易实施环境教育的时期。

2. 中学环境教育

中学环境教育包括初中、高中和职业中学阶段。中学阶段人的可塑性较强,是培养一个人认识环境、热爱环境和自觉保护环境的重要时期,要使他们对环境保护有较全面的理解,培养其具有初步的分析和评价能力,让他们的行为合乎环境保护的准则,为此,可进行一些较深入的环境介绍,并适当加入政治、经济、社会方面的内容,使每个学生明白环境的破坏会给人类带来什么样的后果。在这一阶段,目前世界各国一般都不设专门课程,而是结合有关课程(生物、地理、常识等)和校内外的各种活动(参观、访问、调查、旅行等)进行环境教育。

3. 大学环境教育

这一阶段的环境教育是指大学包括研究生阶段的环境教育,一部分是针对环境专业的学生进行的专业环境教育,如环境工程、环境保护、环境科学等,旨在培养消除污染、保护环境以及维护高质量环境所需要的各种专业人员;另一部分是面向全校学生、覆盖所有专业、跨学科的普及式环境教育,教育内容以环境伦理学为主,这是一种通识教育。在校大学生、研究生将来都是各行各业的研究者、决策者和行动者,他们的环境意识和环境行动对未来环境问题的预防和解决将产生重要影响。通过实施大学环境教育不仅培养他们关心环境、保护环境所必需的知识、技能以及参与的意识和能力,而且使其树立正确的环境情感、态度、价值观,使其明白,只有保护好环境,促进人与自然和谐发展,才能最终促进政治、经济、社会的发展。因此,与中学环境教育相比,大学环境教育应该更多地关注人类经济社会发展过程中的和谐发展问题、环境决策问题以及对环境的批判性思考问题等。《第比利斯政府间环境教育会议宣言和建议》特别指出：大学的环境教育将逐渐区别于传统的教育，它会传授给学生在未来职业中所需的基本知识，使他们能对环境产生有益的影响。并建议各成员方根据大学教育结构和特点进行不同形式的合作，发挥物理学、化学、生物学、生态学、地理学、社会经济学、伦理学、教育学和美学等学科的作用，将环境教育渗透到各科教育中。

4. 终身环境教育

随着国际教育的改革与发展，终身教育正成为一股风靡世界的国际教育思潮。现代终身教育理论认为，终身教育应成为学校教育甚至整个国民教育体系的重要组成部分。终身教育是一种全新的教育理念和教育体系，对促进人的全面发展及所有人的发展具有重大作用。环境教育是终身教育。对每一个公民来讲，接受环境教育的过程是一个连续的、终生的教育过程，始于学前阶段并延续至所有的正规和非正规教育阶段。正规教育是指正规学校教育，非正规教育是为成人提供的正规教育以外的有组织的教育项目。这种教育从能对世界进行简单感知的幼儿阶段开始，直到生命的结束，这是一个动态的不断深化的过程，要对从学前儿童经过青年到成人进行长期的环境教育。最终目的是使人建立起人与自然协调发展的价值观，并把这种观念落实到每个人的日常生活和各项社会决策中。从幼儿园、小学到中学、大学进而到走上社会，在不同教育阶段都应根据人的不同发展时期的年龄特征和认知特点，对环境教育的目标、任务、内容、方法等进行科学分析和研究，制订实施方案，进而实施终身性的环境教育。因为人对周围环境的知识、意识、情感、态度、价值观以及相应技能的培养和教育，是一个循序渐进、不断积累的过程。人们对环境问题的认识在不断深入，各种观念的变化很快，科学技术的发展也是日新月异，为解决环境问题提供了新的可能性。因此，要根据从幼儿到成人的不同特点，进行有针对性的环境教育。相对于儿童、中学和大学环境教育而言，终身性的环境教育是一种延续和补充，更是一种提高和升华。通过终身环境教育既可以弥补既往教育过程中环境教育的缺失，也可以进一步提高公众对环境和环境问题的认识。

终身环境教育与儿童环境教育、中学环境教育、大学环境教育共同构成了全民环境教育。环境教育面向全社会开放，所覆盖的教育对象是全体社会成员。

 阅读材料1—1

中小学生环境教育专题教育大纲

一、总目标

在各学科渗透环境教育的基础上，通过专题教育的形式，引导学生欣赏和关爱大自然，关注家庭、社区、国家和全球的环境问题，正确认识个人、社会与自然之间的相互联系，帮助学生获得人与环境和谐相处所需要的知识、方法与能力，培养学生对环境友善的情感、态度和价值观，引导学生选择有益于环境的生活方式。

二、分目标

小学1—3年级：亲近、欣赏和爱护自然；感知周边环境，以及日常生活与环境的联系；掌握简单的环境保护行为规范。

小学4—6年级：了解社区的环境和主要环境问题；感受自然环境变化与人们生活的联系；养成对环境友善的行为习惯。

初中：了解区域和全球主要环境问题及其后果；思考环境与人类社会发展的相互联系；理解人类社会必须走可持续发展的道路；自觉采取对环境友善的行动。

高中：认识环境问题的复杂性；理解环境问题的解决需要社会各界在经济技术、政策法律、伦理道德等多方面的努力；养成关心环境的意识和社会责任感。

三、教学内容

小学1—3年级：环境教育专题教育内容标准（12课时）

教学内容	教学活动建议
1.感知身边环境的特点及变化。 2.表达自己对身边环境的感受。 3.知道日常生活需要空间，需要自然资源和能源。 4.感知日常生活对自然环境的影响。 5.了解并实践小学生在环保方面的行为规范	1.通过触摸大树、倾听自然的声音等游戏，运用各种感官感知自然，讲述对自然的感受。 2.列举直接或间接来源于自然的生活用品。 3.根据教师提供的资料，描绘练习本、铅笔或橡皮的"旅程"（原料采集—生产与包装—流通与销售—使用—废弃与再处理—引起的环境变化，等等）。 4.调查不同家庭的用水情况，统计和比较用水量的差异。 5.环保知识竞赛或废物再利用比赛。 6.对照小学生日常行为规范，检查和评价自己对环境的行为习惯，提出改进设想

小学4—6年级：环境教育专题教育内容标准（12课时）

教学内容	教学活动建议
1.调查和了解社区和地方环境的基本特点。 2.知道本地区主要环境问题的表现，能初步分析这些问题产生的原因。 3.了解社区自然环境的变化及其与人们生活的联系。 4.知道什么样的环境是好的环境，以及建设良好环境的途径和方法。 5.分析自己和他人的行为可能对环境造成的直接或间接的影响，判断对环境友好的和不友好的行为	1.观察学校周边的环境，绘制社区平面图。 2.通过手工制作、广告设计或编小报等方式，展现本地区的自然和文化特色。 3.围绕社区主要环境问题，以小组形式讨论其原因、后果、解决办法。 4.观看照片或与当地居民交流，了解本地区20年来环境及人们生活水平的变化，讨论二者的联系。 5.分组设计一份学校环境建设规划或社区环境建设规划。 6.收集有关垃圾分类的资料，讨论垃圾分类的好处及具体做法。 7.通过表演、漫画、制作标语等方式向周围人宣传对环境友好的行为方式

初中:环境教育专题教育内容标准(12课时)

教学内容	教学活动建议
1.了解当前主要的区域性和全球性环境问题,探究其后果。 2.结合地方实际,理解不同生产方式对环境的影响。 3.了解可持续发展的基本含义,理解可持续发展的必要性。 4.了解地方政府和社会组织在解决地方环境问题方面的重要举措。 5.反思日常消费活动对环境的影响,倡导对环境友善的生活方式	1.看录像、图片或文字资料,了解全球及我国的主要环境问题,以及这些问题对自然和社会发展的影响。 2.调查和比较清洁生产与非清洁生产的异同。 3.根据有关资源或能源消耗的统计数据,预测50年后的资源或能源发展状况,讨论环境承载力问题。 4.与地方环保部门或环保组织成员座谈,或请他们做讲座,介绍各自在环境保护与建设方面的工作任务和成效。 5.分组收集一些商品的外包装,分析这些包装的作用及其对环境的影响。 6.辩论:是不是只有高消费才能保证生活质量

高中:环境教育专题教育内容标准(8课时)

教学内容	教学活动建议
1.了解当前主要的区域性和全球性环境问题,探究其后果。 2.结合地方实际,理解不同生产方式对环境的影响。 3.了解可持续发展的基本含义,理解可持续发展的必要性。 4.了解地方政府和社会组织在解决地方环境问题方面的重要举措。 5.反思日常消费活动对环境的影响,倡导对环境友善的生活方式	1.看录像、图片或文字资料,了解全球及我国的主要环境问题,以及这些问题对自然和社会发展的影响。 2.调查和比较清洁生产与非清洁生产的异同。 3.根据有关资源或能源消耗的统计数据,预测50年后的资源或能源发展状况,讨论环境承载力问题。 4.与地方环保部门或环保组织成员座谈,或请他们做讲座,介绍各自在环境保护与建设方面的工作任务和成效。 5.分组收集一些商品的外包装,分析这些包装的作用及其对环境的影响。 6.辩论:是不是只有高消费才能保证生活质量

四、实施建议

(1)本专题教育从小学一年级到高中二年级,按平均每学年4课时安排教学内容,小学1—3年级12课时,4—6年级12课时,初中12课时,高中8课时。学校可以根据本地实际情况对每学年的课时安排做适当调整。课时由学校从地方课程、校本课程中进行安排。

(2)本专题教育强调贴近生活实践,强调学生的亲身体验。学校和教师要依据本大纲规定的教学内容,参照教学活动建议,选取具有地方特点的学习材料,引导学生从身边开始认识环境、关心环境,积极参加保护和改善环境的各种活动。建议课堂教学和实践活动的课时比例为3:1。

(3)根据教学目标、内容,学校和教师的实际情况,以及各学段学生的身心发展特点,灵活选择多种教学途径与方法,并指导学生根据各自特点选择适宜的学习方式。

(4)从学生熟悉和感兴趣的事物出发,引导学生对周围的环境现象及各种层次的环境问题展开调研,思考各种"习以为常"的生活方式和生产方式对环境的影响。通过自主探究学习,培养学生对人与环境关系的反思意识和能力。

(5)从可解决的问题入手,以教室、学校、家庭和当地社区的现实环境问题作为学生了解环境问题的起点,鼓励学生运用已有的知识技能分析和解决这些问题,通过学生的实际行动增强他们的自信,使他们愿意进一步参与改善环境的行动。

(6)教学过程中注意对学生的环境态度、技能和行为,以及参与环境教育学习活动的表现进行评价,并根据评价结果随时调整教学设计和教学策略,提高教学的成效。

三、环境教育的目的

环境教育既不同于部门教育,又不同于行业教育,其首要目标是对公众环境意识的培养和提高。因此,开展环境教育的目的主要包含以下几个方面:

1.激发环境忧患意识

自然环境是人类赖以生存的基本条件,经济的发展、科学的进步、生产力水平的提高,给环境带来的污染和生态危机日趋严重,环境问题成为举世瞩目的全球性问题。近几年如酸雨、臭氧层破坏、世界气候异常、水资源枯竭、生物物种濒危或灭绝等问题已给人类带来了巨大的灾难。人口的剧增,土地资源的流失和沙漠化,不可再生资源的过度开采,生态环境的破坏,这一切都会使环境进一步恶化。更让人担忧的是,环境在短时间内遭到的破坏,恢复起来却要付出相当长时间的、沉重的代价。由于严重的环境污染和生态破坏,生态环境严重失衡已使众多生物岌岌可危,自然资源的不合理开发利用已经透支了后代的自然财富。环境对人类的贡献是有限的,不能把它当作取之不尽、用之不竭的聚宝盆,温哥华大学教授比尔·里斯得出的结论是:"如果所有的人都毫无顾忌地消耗自然财富,那么我们为了得到原料和排放有害物质,还需要 20 个地球。"因此,我们决不能以牺牲环境为代价来换取经济的发展,不能走"先污染后治理"的路子,要把人们的切身利益与保护环境联系起来,自觉地参与到保护环境的具体行动中来,真正认识到善待自然环境就是保护人类自身。

2.增强环境道德意识

环境道德是指人们对待环境的态度和行为的规范与原则。环境道德观认为:大自然中的其他存在生物也具有内在的价值,其他生命的生存和生态系统的完整也是道德的相关因素,因此人类对非人类存在物(包括土地、岩石、自然景观在内的整个自然界)也负有直接的道德义务。人们对待环境的态度和行为,应以维护生态平衡、改善环境质量、促进持续发展为准则,使人类与环境和谐相处,协同发展。保护环境是真、善、美的体现,污染环境和破坏生态是假、丑、恶的表现,不仅要对人类讲道德,而且要对生态和自然界讲道德,树立起"人类与自然和谐发展为目标"的崭新的环境道德意识。

3. 提高环境参与意识

在预防及解决环境问题时,主动参与是十分重要的,要形成环境意识,更重要的是要去实践,当我们讲什么是环境,为什么要协调人与环境的关系时,人们也许记住了讲的道理,甚至学会了怎么判断或评价某种行为是否有利于或有损于环境,但这不表明公众形成了一定的环境意识,因为知识变为意识还需要一个内化过程,这个过程是在认识和体验基础上的实践,要积极引导鼓励公众亲自参与环保活动,这是增强环境意识的最有效手段。如:调查本地动植物资源、环境污染状况,进行空气监测、水质量调查等,要人人以实际行动,从身边小事做起,汇集起来就是对保护环境的大贡献。环境意识的培养是一个复杂和艰巨的过程,需要长期不懈地努力,尽量采用丰富多彩、生动活泼的环境教育途径和方法,来提高公众的参与意识。

4. 形成正确的可持续发展意识

可持续发展是既满足当代人的需求,又不对后代人的需求能力构成危害的发展。实现可持续发展意味着人类价值观和行为方式的变革。环境教育的核心是让公众树立正确的"环境与发展"协调观,环境教育的任务是要转变公众的观念,以往的环境教育较多地单纯强调人与自然的和谐,忽略了经济发展的必要性。而实现可持续发展,环境保护应当成为发展进程的组成部分,不能脱离发展进程来考虑环境保护,摆正经济与环境的关系,促进公众形成正确的环境价值观,而不是成为片面的极端环境主义者。

5. 学习环境知识

学习环境知识,如环境医学、环境化学、环境生物学、环境法学等,掌握环境污染及预防知识、自然保护知识、卫生保健知识、美化绿化知识等。

6. 掌握解决环境问题的基本技能

掌握解决环境问题的基本技能,如环境监测、防污治废、美化绿化净化方法、开展实验等基本技能。

四、环境教育的特点

环境教育是以人类与环境的关系为核心而进行的一种教育活动。环境教育既要遵循教育整体系统的发展规律,又因其环境科学和环境保护事业的特殊性而具有自身的特点。其特点主要包括以下几方面:

1. 广泛的社会性

日趋严重的环境问题是人类长期向大自然掠夺索取造成的。人类在寻求解决环境问题的最佳途径中逐渐认识到,在造成环境问题的诸多因素(如人口增长、资源开发、经济发展、城市化建设等)中,总是以人类活动为开端,又以对人类的影响为结果。环境污染的产生和解决与人类自身的环境行为有着直接关系,同时环境行为具有广泛的社会公德性。因此,国际社会高度重视环境问题和环境教育,许多国际会议呼吁全人类应对环境问题采取负责精神,并提出全球公民的环境行为准则,建议在学校中进行环境意识教育。高度社会化是环境教育的重要特征,它主要表现在环境教育的全民性及全程性方面。因此,对每

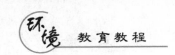

一个人来讲,环境教育应当成为一个连续的、终生的教育过程。此外,环境教育的高度社会化还表现在普及性及国际环境教育组织的广泛合作方面。

2.手段的多样性

环境教育的全民性、过程性,使得环境教育尚无固定模式,具有多样性的特性,主要表现在多类型、多层次、多种方式、多途径办学、设置专业或课程、教育内容和方法的方面。在办学类型上,高等院校多以有关的传统学科为基础,设置环境专业或环境课程,如环境基础课、环境专业课、环境选修课,同时成立有关环境保护高等院校和中等环境专业学校等。教育层次上,从幼儿、青少年、壮年到老年人,对从事不同职业中的不同层次、不同文化背景人员的要求均不尽相同,要区别对待,分层施教。在教育途径上,有在职教育、业余教育、培训或讲习班等。在环境教育的方法上,应改变过去单纯由教师灌输的方法,而在掌握知识的基础上,师生共同参与,以高度的责任感投身到环境保护中去。

3.跨学科的综合性

20世纪60年代以来,随着环境问题的日益严重,为解决环境问题,产生了一些新的学科,如环境物理学、环境化学、环境地学、环境生物学、环境医学、环境法学、环境经济学等。这些学科既分化,又包含着高度综合的发展过程,它要求把无机界与有机界、生命因素与非生命因素、自然环境与社会环境、基础理论与应用技术等研究紧密结合起来,互相渗透;它还要求把物质因素与精神因素、当代重大的社会经济问题与科学技术问题紧密地结合起来。环境是一个由各个领域的相关方面聚集而成的综合整体,包括自然环境和社会环境。从科学认识的角度看,广泛涉及生态学、生物学、物理学、化学、地理学、经济学、历史学、伦理学等方面,也涉及文化、艺术等方面。因此,环境问题是综合的,对环境和环境问题的认识以及解决环境问题的方法和技能也必须是综合性的。无论是发展受教育者对环境的认识,加深他们对环境问题的理解,还是培养他们解决环境问题的技能,树立正确的环境价值观等,都有赖于在教育实践活动中去综合地加以实施,这就决定了环境教育必须是综合性的、跨学科的。

4.高度的实践性

开展环境教育,要发挥学生在环境教育中主体参与的积极性,以形成环境道德为中心,养成爱护环境的行为模式的教育目标。这就决定了环境教育必须具有实践性,即除了通过有关学科的教学掌握环境知识以外,还必须在具体的环境中,面对真实的环境问题,通过多种多样的实际行动获得技能、情感等多方面的经验和体验,达到认识与情感以及行为的统一,在知识、技能、道德等方面协调发展。

第二节　环境教育发展简史

环境教育缘起和发展于西方国家,现已成为一种国际化思潮,并被世界所广泛接受。对国际环境教育的发展轨迹进行梳理和分析,可以帮助我们了解和把握环境教育理论与实践的总体发展趋势。关于国际环境教育发展轨迹及阶段的划分,目前尚没有统一的看法。本书根据国际环境教育发展过程中全球性、区域性以及美国、英国、日本等部分国家和地区历次与环境教育相关的重大事件、重要文件、重要会议,从时间序列的角度追寻国际环境教育的发展轨迹,并对国际环境教育的发展阶段进行初步划分。

➤ 一、早期环境教育发展时期(1962 年以前)

1. 萌芽阶段(1948 年以前)

美国学者在分析威斯康星州学校环境教育起源和建立时认为,学校环境教育起源于 1500 年的自然研究,经过了 3 次早期教育努力(或称教育运动),使得公民的环境意识得以提高。

1767 年,卢梭(Rousseau)在《爱弥儿》中就提出了"用乡村环境作为教育方法"的主张,认为"应该是自然教育孩子,而不是学校教师用正规的教育方法教育孩子"。18 世纪和 19 世纪早期英国农业革命的兴起,使"乡村学习"得到了更多的重视和发展。1900 年英国教育局发布的一份简报中这样写道:"珍惜为他们(学生)提供的机会,这种机会将增加他们(学生)对日常乡村生活环境作更理性的认识,也将教会他们(学生)如何观察自然过程。"1911 年英国教育局公布的乡村教育原理和方法的备忘录中要求乡村教育运动使农村孩子"更能精心关爱自己的农村环境"。第一次世界大战以后,"教育局所理解和提倡的乡村课程观,不仅对农村学校起了广泛的影响,而且还成了一门独立的科目"。第二次世界大战后,乡村学习得以重新界定,"教师和教育工作者继续探索利用乡村环境展开教学的新教育方法,一些学校围绕着环境调查来安排他们的整个课程",乡村学习的地位也得以提高。从这一意义上说,无论是"乡村学习"还是"自然学习",都可以看成是对应于"环境教育"的早期萌芽。

2. 诞生阶段(1948—1961 年)

1948 年,托马斯·谱瑞查(Tomas Pritehard)首次提出"环境教育"一词,并在国际自然与自然资源保护联合会(巴黎会议)上首次使用,这也是国际组织在国际会议上首次正式使用"环境教育"一词,标志着"环境教育"的诞生,而且使"环境教育"成为一件重要的国际事务。

1949 年,联合国发起召开了"资源保护与利用科学会议"。同年,联合国教科文组织(UNESCO)发起成立了国际自然及自然资源保护联合会(International Union for Conservation of Nature and Natural Resources, IUCN),并成立了专门的教育委员会。这标志着国际组织注意到教育对环境保护的作用,试图通过教育、环境教育来拓宽和增进人类的国际环境意识。也在这一年,英国设立了自然保护局。1960 年,苏联颁布实施《自然保护法》,该法规定:"自然保护基础课程的教学应列入普通学校和中等专业学校的教学计划,自然保护和自然资源再生应成为学校的必修课。"1961 年,联合国教科文组织设立专门的生态与环境保护部门,旨在技术和管理层面协调全球范围的生态与环境保护。

这一阶段的环境教育还处于一种起始和探索阶段,尽管国际组织将其作为一件重要的国际事务,但并没有引起国际社会的广泛和高度重视,发展也相对较慢。

➤ 二、第一代环境教育时期(1962—1986年)

1. 前期发展阶段(1962—1974年)

1962年,美国海洋生物学家雷切尔·卡逊(Rachel Carson)女士所著《寂静的春天》问世,《寂静的春天》这样写道:"如果不珍惜环境,将听不到鸟鸣的音浪,池塘里将见不到鱼虾,地球将听不到动物的声息,成为寂静的失去生命的星球。"可以这样说,在西方国家纷纷沉湎并陶醉于"征服自然""战胜自然"的伟大创举并取得极大成就的狂热之时,《寂静的春天》一书的正式出版,标志着第一次环境保护运动的兴起,对整个人类而言无疑是一副强烈的"清醒剂",浇灭了人类征服自然的狂热,浇醒了人类陶醉于辉煌成就的沉湎。《寂静的春天》成为人类社会发展史上的一座不朽丰碑和生命颂歌,载入了人类认识环境、保护环境的史册。

此后,一些西方发达国家根据自己的实际情况,也相继发起了与环境保护运动相关的环境教育运动,并开始实施环境教育。1964年,日本东京都教委针对国家占据世界八大公害中一半这一现实,组织众多学校成立了"东京都中小学公害对策研究会",标志着日本环境教育的起步。1965年,在基尔大学举行的一次会议上,英国首次使用"环境教育"一词,研讨与乡村学习、自然教育有关的乡村环境保护及其相关的教育问题,并就教育与环境做出了很多结论和建议,如:"需要用积极的教育方法去鼓励人们对自然环境的认识和理解,以使每个公民都具有责任感。""应该扩大基础和操作性的教育研究,通过教师的参与,更准确地决定环境教育的内容和现代最需要的教学方法。"1965年,美国的 Middlebury 学院开设了数门环境科学方面的课程,形成了世界上第一个本科层次的环境教育课程体系,在此基础上,到20世纪70年代美国环境高等教育进入了高速发展时代。特别是1970年第一个"国际地球日"之后,美国各高校相继开设了30多门环境类课程;1992年"世界环发大会"之后,又有30多门新的环境类课程在美国的各高校中相继开设。从全球范围看,从20世纪70年代开始,在高等学校设置环境教育专业,或者在高等教育的学科教育中加强和渗透环境教育成为国际环境教育的一种发展趋势,环境高等教育也开始成为环境教育体系中重要的组成部分,这也符合《21世纪议程》所指出的"教育是促进可持续发展和提高民众在可持续发展方面的素质的关键"的要求。

随着第一次环境保护运动的蓬勃开展,更多领域的专家开始关注并加入环境保护的行列。1968年,来自意大利、瑞士、日本、美国等10多个国家的30多位科学家、教育家、经济学家、人文学家,在意大利集会讨论当前和未来的世界性问题,并在这个会议的基础上成立了一个非政府的国际性协会——罗马俱乐部。罗马俱乐部成立后,相继发表了《增长的极限》等著名报告,其核心思想就是倡导"零增长"理论。这一观点虽然将环境与发展对立起来,却由此掀起了人类第一次环境保护运动的高潮,并成为第一次环境保护运动的代表性观点,对人类冷静思考和面对工业革命的成就与问题起到了极大的促进和推动作用。同年,联合国教科文组织"生物圈会议"在巴黎召开,又一次掀起了环境领域新的国际运动高潮。巴黎会议后来被认为"可能是首次在世界范围内唤起了环境教育意识"的一次会议,大会提出了教育计划建议:"为所有层次的教育课程编写环境学习材料,开展技术性培训,增强环境问题的全球意识——应该进行区域性调查;应该将生态学内容编入现在的教育课程中;应该在高校的环境科学系培养专门人才;应该推动中小学环境学习的建设;应该设立国家培训中心和研究中心。"

这一时期,日本公害问题的出现促进了其环境保护运动。1968 年,日本在"东京都中小学公害对策研究会"的基础上,成立"全国中小学公害对策研究会"。1970 年,日本将每年的 5 月 1 日确定为"公害日",修订了《公害对策基本法》,使日本的环境政策出现了新变化。同年,"公害"一词首次出现在《中小学学习指导大纲》中,并将"培养尊重生命的态度"作为小学理科教学的首要目标。

1970 年,国际环境教育发生了以内华达会议为代表的几起重大事件。第一是欧洲自然和自然资源保护委员会成立。第二是在美国内华达州卡森市森林学院召开了有关学校课程中的环境教育国际工作会议。第三是美国受内华达会议的影响,率先颁布《环境教育法》。《环境教育法》的颁布以及根据该法所设立的相关机构,有力推进了美国环境教育的健康快速发展。第四是英国环境教育进入其发展史上的"高潮年"。1971 年,环境保护教育欧洲工作会议在苏黎世召开。同年,日本政府对《中小学学习指导大纲》作了部分修订,在社会学科中增加了有关"公害"的学习内容。同年,日本政府根据本国实际和世界潮流,设立环境厅,标志着日本政府对环境问题的高度重视,日本的环境教育也因此主要建立在"公害教育"上,日本许多大学开始将环境主题学习作为跨领域科目的选修课。

人类历史上具有里程碑意义的环境保护事件是 1972 年在瑞典的斯德哥尔摩召开的"联合国人类环境会议",这是人类关于环境问题认识的第一座里程碑。会议正式通过了《人类环境宣言》和《人类环境行为计划》(109 项建议),提出了"只有一个地球"的著名口号,正式将"环境教育"(environmental edueation,EE)的名称确定下来,并在其 96 号文件中强调进行环境教育的重要性和国际合作的必要性,明确了环境教育的性质、对象和意义,确立了环境教育的国际地位,将国际环境教育推向了高潮。

1973 年,日本将"全国中小学公害对策研究会"更名为"全国中小学环境教育研究会"。

这一阶段的国际环境教育的主要贡献是给定了"环境教育"的定义,开始了环境教育理论与实践的初步研究和探索,为环境教育进入快速发展阶段打下了良好的基础。

2.快速发展阶段(1975—1986 年)

第一代环境教育时期的快速发展阶段开始于 1975 年。这是因为,不仅成立了联合国环境规划署(UNEP),制定了国际环境教育计划(IEEP),而且联合国教科文组织和联合国环境规划署在贝尔格莱德召开了国际环境教育研讨会,将环境教育事业纳入了全球框架。

在 1983 年第 38 届联合国大会上,设置了"世界环境与发展委员会"。1986 年,印度政府颁布的《新教育政策》标志着快速发展时期的国际环境教育已从西方发达国家逐渐向世界范围扩张,对形成全球范围的环境教育潮流产生了积极影响。

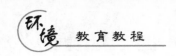

➢三、第二代环境教育时期(1987 年至今)

1.酝酿阶段(1987—1991 年)

在全球范围产生积极而深远影响,并被广泛接受而成为人类共识的可持续发展思想的提出,是第二代环境保护运动迅速兴起的标志,也是第二代环境教育时期的开始。1987年,世界环境与发展委员会发表了著名报告——《我们共同的未来》。

1988 年,欧洲共同体通过了《欧洲环境教育决议》,会议对"采取具体步骤推动环境教育,使之通过各种渠道在欧共体推广"达成了广泛共识。决议案确定了环境教育的目的和具体原则:"环境教育的目的在于提高公众对环境问题的意识,寻求可能解决的方案,并为公众积极而有效地参加环保活动及合理谨慎利用环境资源奠定基础。为此必须遵循以下原则:环境是人类共同的财产;维持、保护并改善环境质量是人类共同的责任,这样做也是对保护人类健康、维护生态平衡的贡献;有必要谨慎而理性地利用自然资源;个人,尤其是作为消费者,应采取保护环境的行动。"决议要求欧共体的所有成员国应尽一切努力执行环境教育的措施:"在教育的所有领域推进环境教育……设置课程时应考虑到环境教育的宗旨……采取适当措施,在职前和在职教师的学习与培训中培养教师有关环境方面的认识。""在包括职业培训和成人教育在内的所有领域推进环境教育。"

1988 年,联合国教科文组织提出"为了可持续发展的教育(ESP 或 SED)"一词,这应该是"可持续发展教育"思想的早期倡议。1989 年,联合国教科文组织将 H. R.亨格福德等人编订的《中学环境教育课程模式》推荐给各国普通学校的环境教育课程设计者和广大教师,作为发展各国中学环境教育课程的重要参考教材。我国于 1991 年翻译出版。

1990 年,时任美国总统布什签署了美国《国家环境教育法》。日本成立环境教育学会,文部省就中小学环境教育(正规教育)相继颁发《环境教育指导资料》,阐明环境教育的必要性、概念、目的、目标、内容、计划和方针,这套书的颁发标志着日本中小学环境教育的基本理念和措施已经确立。同年,世界各地的一些大学联合发布《泰勒尔宣言》,呼吁大学针对全球环境问题积极行动起来,通过教育增强公众环境意识。为此,进入 20 世纪 90 年代以后,提出了"绿色大学"概念,建构了"绿色大学"理念,掀起了"绿色大学"运动,从而将环境价值和环境教育整合于大学的日常教学、科研、管理和生活之中。

2.成熟阶段(1992 年至今)

国际环境教育经过了 40 多年的发展历程,从萌芽走向成熟。1993 年,在澳大利亚格里菲斯大学(Griffith University)召开的联合国教科文组织亚太地区环境教育师资培训专家会议上,充分肯定了第比利斯会议对亚太地区环境教育的指导意义。1993 年,日本政府颁布《环境基本法》,明确了环境教育的法律地位;次年 12 月,制定并公布《环境基本计划》,使《环境基本法》的理念得以具体化。

1996 年,在第四届可持续发展委员会(UNCSD)会议上,UNCSD 提出了"关于促进教育、公众认识和培训的特别工作纲要",指出了可持续发展教育的目标及特征。同时它还向联合国教科文组织提出了如下要求:"NUESCO 要考虑环境教育所获得的经验,将人口、卫生、经济、社会及人类发展、和平与安全的审议意见统一起来,以明确面向可持续发展教育的概念及宗旨。"这是联合国环境与发展大会以来,由国际组织所倡导的将环境教育与发展教育、人口教育等相融合,并向可持续发展方向转换的重要理念。

针对成人的环境教育一直是环境教育体系中的薄弱环节。1997 年,联合国教科文组织在德国汉堡召开的第五次国际成人教育大会上强烈呼吁将环境教育列入各种形式的成人教育中,标志着国际组织对成人环境教育的高度重视。

1997 年,为纪念第比利斯会议召开 20 周年,联合国教科文组织和希腊政府在希腊塞萨洛尼基共同举行了"环境与社会国际会议"。1999 年,澳大利亚环境教育国际会议在悉尼新南威尔士大学召开,来自五大洲 60 多个国家和地区的 400 多名代表参加了这次 20 世纪末的空前盛会。与会代表回顾总结了 20 多年来全球环境教育运动的经验,尤其注重探讨环境教育对确保人类可持续未来的重要地位。

▷四、对国际环境教育发展轨迹的认识

无论是从英国的"乡村学习"到"环境学习",还是从美国的"自然研究"、三次"教育运动"到 20 世纪初的"保育教育",都可以看成是传统意义上的"环境教育",并不是因为暴露出了严重的环境问题而倡导的环境教育。尽管如此,这种因了解、关爱自然而兴起的教育思潮和理念,对现代意义上的环境教育诞生无疑起到了先导性的作用。

随着科学技术的发展,人类认识自然的程度不断加深,改造自然的欲望也日益强烈,极大地推动了西方国家工业化进程,各种区域性和全球性环境问题日益突出,严重威胁着人类社会的生存和发展,由此,人类逐渐认识到环境问题的严重性,并形成了必须治理环境的共识。在这一"认识环境"和"形成共识"的过程中,国际组织、民间团体、环境人士通过各种途径寻求解决环境问题、保护环境的对策和方法。其间,虽有"零增长理论"这样消极的观点,但还是逐渐认识到环境问题的产生与发展之间有着密切的关系——环境问题主要由发展产生,必须在发展过程中解决环境问题,而解决环境问题的有效途径是教育、环境教育。

从国际环境教育的发展时序可以看出,伴随着两次环境运动,现代环境教育经历了从萌芽、发展到壮大,并被国际组织、各国(地区)政府、团体和公众广泛接受的发展轨迹,在世界范围内逐渐成为一种重要的教育思潮。

作为一种教育思潮,环境、教育科学工作者等都从不同的视角对环境教育进行研究,如环境教育的定义、目的、目标、性质、内容、方法、评价等,从而使环境教育的理论和实践得到了极大的丰富和发展。

可持续发展理论的诞生和 1992 年联合国环境与发展大会以后,关于环境教育的认识又有了新的提高,进入了新的发展阶段。为了人类社会的可持续发展,环境教育的目标、内容必须重新定向——可持续发展教育。

但是,从全球范围来看,由于经济、社会发展水平的显著差异,以及政治、文化、教育背景等不同,环境教育的普及和发展还很不平衡,主要表现为发达国家与发展中国家、城市

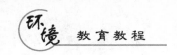

与乡村之间的差异。而要真正使环境教育成为一种全球性的"教育运动"并得到有效实施,还要付出艰苦而长期的努力。

▶ 五、小结

对国际环境教育的发展阶段,有关学者曾做过不同的划分。本书认为,以国际环境保护运动和环境教育发展历史过程中的一些重大事件为标志,可以对国际环境教育发展历程重新进行发展时期和阶段划分。其中,1948 年的"巴黎会议"、1962 年的《寂静的春天》、1975 年的《贝尔格莱德宪章》、1987 年的《我们共同的未来》和 1992 年的"联合国环境与发展大会"都是具有划时代或里程碑意义的重大事件,对环境教育的发展也产生了划时代的影响。可以根据这些事件将国际环境教育的发展划分为三个时期、六个阶段。通过这一时序梳理,可以基本把握和了解国际环境教育的发展脉络和轨迹,有助于对国际环境教育理论和实践进行系统研究。

第三节　中国环境教育发展历程

尽管中国古代就有"天人合一"的哲学思想,但现代的环境保护思想和环境教育则起步较晚,是伴随着第一次环境运动的进程而兴起的。20 世纪 70 年代以前,由于我国经济社会发展的特殊背景,环境问题的严重性还相对较轻,或者说还没有认识到环境问题的严重性,因此,与国际环境教育的发展相比,我国的环境教育事业从 20 世纪 70 年代初才开始起步,落后了 20 多年。本书同样按照时间序列和相关的重大事件,将我国的环境教育发展划分为三个阶段。

▶ 一、起步阶段(1972—1982 年)

1972 年是国际环境保护和环境教育领域具有里程碑意义的一年。中国政府派代表团参加了在瑞典斯德哥尔摩召开的联合国人类环境会议,表明中国政府对环境问题的关注,是中国环境教育事业起步的基础。

在联合国人类环境会议的推动下,我国第一次全国环境保护会议于 1973 年在北京召开。这次会议与第一次人类环境会议一样,对我国的环境保护和环境教育事业产生了积极而深远的影响。会议提出了"全面规划,合理布局;综合利用,化害为利;依靠群众,大家动手;保护环境,造福人民"的 32 字方针。会后,国务院批准的《关于保护和改善环境的若干决定》中明确提出:"有关大专院校要设置环境保护的专业和课程,培养技术人才。"这一环境保护教育设想的提出,标志着中国环境教育事业的开端。自此,北京大学等高校相继开设环境保护类专业课程,这也是高等环境教育的开始,由此正式拉开了中国环境教育事业的帷幕。

1977 年,清华大学建立我国第一个环境工程专业,开始培养环境保护方面的专门人才,标志着我国环境专业教育的起步。

　　1978 年,北京师范大学在刘培桐先生主持下,招收了我国第一批环境保护专业研究生,开始了环境保护高级专门人才的培养。1978 年,中共中央批转国务院环境保护领导小组《环境保护工作汇报要点》,明确提出了建立中国环境科学研究院、制定环境保护法律法规、普通中学和小学也要增加环境保护知识的教学内容等要求。修订的《中华人民共和国宪法》第一次对环境保护作了法律上的规定:"国家保护环境和自然资源,防治污染和其他公害。"

　　1979 年,全国人民代表大会通过的《中华人民共和国环境保护法(试行)》(该法 1989 年通过成为正式法案)中,对环境教育做出了明确的规定,指出:"国家鼓励环境保护科学教育事业的发展,加强环境保护科学技术的研究与开发,提高环境保护科学技术水平,普及环境保护的科学知识。"人民教育出版社组织编写出版了小学自然、中学地理和化学等教材,将环境保护方面的知识纳入其中,标志着中国在正规教育中开始渗透环境教育内容。同年,中国环境科学学会环境教育委员会第一次会议在河北保定召开。会议就环境教育的必要性和特点进行了充分的讨论,提出"环境教育具有综合性、全民性、全程性(生命的全过程)的特点",会议建议在甘肃、北京、上海、天津等地进行中小学环境教育试点工作,在高中增设环境地学课程,标志着中小学环境教育的正式起步和兴起。经过此后的试点,各地都取得了较好的成绩和经验,也为我国基础环境教育的开展培训了人才,打下了基础。

　　1980 年,中国环境科学研究院正式成立,标志着我国国家级环境保护研究的正式启动。国务院环境保护领导小组与有关部门共同制定了《环境教育发展规划(草案)》,并将环境教育内容纳入国家教育计划之中,标志着环境教育成为国家教育的重要组成部分。原国家教委在修订的中小学教育计划和教学大纲中正式列入环境教育内容,为全面普及环境教育提供了保证。之后,通过与政府机关和群众团体的联合,广泛取得各界人士的关心和参与,对环境教育的社会化起到了促进作用。

　　1981 年,全国环境教育工作座谈会在天津召开。会议研究并部署了国民经济调整时期的环境教育宣传工作。提出"加强环境教育是发展环境事业的一项根本措施","把培训提高在职干部放在环境教育的首位,作为当务之急来抓;环境教育必须纳入国家教育计划之中;抓好普及教育,继续开展宣传月活动"。同年,国务院在《关于国民经济调整时期加强环境保护工作的决定》中,要求"中小学要普及环境科学知识","要把培养环境保护人才纳入国家教育计划"。同年,全国职工教育工作会议召开,国务院环境保护领导小组办公室在《关于贯彻全国职工教育工作会议的通知》中,明确要求各地"认真制订(修订)环境教育规划,切实办好环境系统的各类培训班。同时,要积极与有关部门协商,争取将环境教育纳入当地职工教育之中。在各级党校、各类职业学校、职工学校、训练班中安排一定学时的环保课"。说明国家将环境教育纳入到职工教育和培训体系之中。

➤二、成长阶段(1983—1991 年)

　　进入 20 世纪 80 年代以后,我国的经济社会发展和工业化进程不断加快,同时环境污染、生态破坏、资源大量消耗等问题也逐渐暴露出来,政府对环境保护工作也日益重视。

在 1983 年召开的第二次全国环境保护工作会议上,将"环境保护"列为我国的一项基本国策,提出了"经济建设、城乡建设和环境建设同步规划、同步实施、同步发展,实现经济效益、社会效益和环境效益统一"的战略方针,强调环境教育是发展环境保护事业的一项基础工程,是落实环境保护这一基本国策的重要战略措施,这也奠定了环境保护与环境教育的法律基础。同年,中国环境科学学会环境教育委员会第三次会议在河南郑州召开,会议建议:有关部门要加强人才预测和计划,培训师资;努力发展环保专科学校;中小学应普及环境教育,加强中小学环境教育师资培训;要重视青少年的课外环境教育,组织环境科学夏令营;通过多种形式加强成年人的环境教育;加强环境教育教材建设,逐步统一各类院校的环境教育教材。这次会议进一步推动了我国基础环境教育的发展。

1984 年,《中国环境报》创刊,成为中国环境教育和环境科学知识普及的权威性报纸,对我国环境保护和环境教育起着一种舆论和导向作用。同年,根据第二次全国环境保护工作会议精神,国务院颁布实施《关于环境保护工作的决定》,成立国务院环境保护委员会、国家环保局,标志着国家政府中有了负责环境保护的专门机构。

1985 年,全国中小学环境教育经验及学术讨论会在辽宁昌图召开,会议建议:要提高对中小学开展环境教育工作重要性的认识,环境教育应当渗透于各学科教学之中,要加强师资培训,组织力量编写教学用书,环境与教育两个部门要通力合作。这标志着环境教育得到了环境与教育两个部门的共同重视,第一次提出了在中小学各学科教育中"渗透"环境教育的设想,也使环境教育得以在全国青少年中大规模地开展。

1987 年,原国家教委在制定的《九年义务教育全日制小学、初中教学计划(试行草案)》说明中,强调了能源、环保、生态等教学任务,要求将环境教育内容渗透在相关学科和课外活动中,并对教学大纲提出了相应要求,同时,要加强环境教育的师资培训工作。这是国家教育行政部门首次对基础教育中加强环境教育和渗透环境教育提出明确要求,以基础环境教育发端为标志的中国环境教育事业进入了正常发展阶段。这一阶段对应于国际环境教育发展的第二代环境教育时期的酝酿阶段。同年,中国环境科学学会环境教育委员会第四次会议在河北秦皇岛召开,会议着重讨论和研究了成人环境教育问题,建议国家环境保护局成立成人环境教育教材编审委员会,统筹规划、组织编审和出版教材,以促进我国成人环境教育工作的开展。会议认为,"六五"期间,我国环境教育事业发展很快,已初步形成一个多门类、多层次、多学科、多种办学形式的环境教育体系。

1989 年,国务院第 47 次常务会议审议通过了《中华人民共和国环境保护法》,提交全国人民代表大会常务委员会审议并获得通过,使我国的环境法制建设向前迈进了一步。同年召开的第三次全国环境保护工作会议将第二次全国环境保护工作会议所确定的战略方针进行了具体化,提出在全国推行八项环境管理制度,努力建设具有中国特色的环境管理体制和机制。在广东番禺召开的全国部分省市中小学环境教育座谈会上,交流和总结了昌图会议以后全国中小学环境教育工作的经验,进一步明确了中小学环境教育的目的、作用和任务,并提出:"中小学环境教育的根本目的是提高中小学生的环境意识和环境知识水平",要求"使中小学环境教育制度化、规范化和经常化",提倡"全社会资助中小学环境教育",并建议"中小学环境教育要在不增加学生额外负担的前提下,采取灵活机动、多种多样的方式方法进行,开展环境教育师资培训,编写适合于中小学师生的环境教育读物"。

1990年,原国家教委颁布《对现行普通高中教学计划的调整意见》,明确要求在普通高中开设环境保护等选修课,人民教育出版社开始组织编写高级中学选修课"环境保护"教材,并于1994年正式出版。1990年,全国部分省市中小学环境教育座谈会在天津召开,会议认为:"我国环境教育经过十多年的艰苦创业,发展非常迅速,到目前为止已初步形成了一个多层次、多形式、专业较齐全、具有中国特色的环境教育体系。这个体系包括专业教育、在职教育、基础教育和社会教育四部分。"社会环境教育是我国环境教育的重要组成部分,在1990年召开的全国第一次环境社会教育工作会议上,回顾总结了十多年来我国环境宣传教育方面的成绩和不足,研讨新时期环境社会教育工作的新思路和新方法。

1991年,原国家教委公布《国情教育总体纲要(初稿)》,并借鉴亨格福德等人所拟定的环境教育课程大纲的某些内容要求,编辑并出版了《环境教育教师指导书》,将环境教育的大部分内容安排在高中阶段的选修课和课外活动中进行。

这一阶段的环境教育以第二次全国环境保护工作会议为起点,得到了环保和教育两个政府部门的重视,由起步阶段的"试点"发展到在全国范围内的"推广",从学校环境教育到成人环境教育、社会环境教育,初步构建起我国的环境教育体系。但这一阶段大多借鉴、模仿国外环境教育的内容和方法,其发展速度相对较快。

➤ 三、快速发展阶段(1992年至今)

与国际环境保护和环境教育发展一样,我国的环境教育发展也同样受到了1992年联合国环境与发展大会的影响。我国政府派团参加了这次大会,并向世界做出了庄严承诺,标志着中国政府高度重视环境与发展问题,并积极实施可持续发展战略。中共中央、国务院批准《环境与发展十大对策》,指出:"加强环境教育,不断提高全民族的环境意识",要求各级党校、干校加强环境教育,以提高各级党政干部对环境与发展问题的综合决策能力。这一文件是我国继联合国环境与发展大会以后实施可持续发展战略的第一个专门性文件,也标志着对国家干部提出了明确的环境素质要求。同年,原国家教委和原国家环保局在江苏苏州联合召开第一次全国环境教育工作会议,提出了"环境保护,教育为本"的方针,宣布"我国已形成了一个多层次、多规格、多形式的具有中国特色的环境教育体系"。原国家教委颁布《九年义务教育全日制小学、初级中学课程计划(试行)》,明确提出:"要使学生懂得有关人口、资源、环境等方面的基本国情。小学自然、社会,初中物理、化学、生物、地理等学科应当重视进行环境教育。"说明渗透式环境教育应该是我国现阶段中小学环境教育的主渠道,通过学科渗透,使学生获得相应的环境知识、技能和情感。这标志着环境教育在我国义务教育阶段地位的正式确立,也使我国的环境教育进入了快速发展阶段。

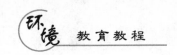

1993 年,由全国人民代表大会环境与资源保护委员会、中央宣传部和国务院有关部门联合开展的"中华环保世纪行"活动正式拉开帷幕,围绕"向环境污染宣战""维护生态平衡""珍惜自然资源""保护生命之水"等主题开展了广泛的环境保护宣传教育活动,标志着公众环境教育的开始。为加强成人环境教育工作,原国家教委制定《专升本(非师范类)〈环境保护概论〉复习考试大纲》,大纲除绪论外,分环境和环境保护、人口与环境、资源与环境、环境污染与生态破坏、发展与环境、环境保护对策等 6 部分。这种体系符合当时国际上环境教育的发展状况,将人口教育、资源教育和发展教育紧密结合起来,这是成人环境教育或环境继续教育的一种有益尝试。

为落实联合国环境与发展大会的《21 世纪议程》,中国政府于 1994 年颁布了世界上第一部国家级的"21 世纪议程"——《中国 21 世纪议程——中国 21 世纪人口、环境与发展白皮书》,书中强调指出:"通过广泛的宣传、教育,提高全民族的、特别是各级领导人员的可持续发展意识和实施能力,促进广大民众积极参与可持续发展的建设。""广泛深入地开展环境保护的宣传教育活动,普及环境科学知识,提高全民族的环境意识。""将与可持续发展有关法律列入学校基础教育课程之一,使可持续发展理论落实到基础教育之中。""鼓励高等教育机构重新考虑其课程设置,加强关于可持续发展经济学的研究。""加强对受教育者的可持续发展思想的灌输。在小学'自然'课程、中学'地理'等课程中纳入资源、生态、环境和可持续发展内容;在高等学校普遍开设'发展与环境'课程,设立与可持续发展密切相关的研究生专业,如环境学等,将可持续发展思想贯穿于从初等到高等的整个教育过程中。"同时,我国政府把实施科教兴国和可持续发展战略写进了《国民经济和社会发展"九五"计划和 2010 年远景目标纲要》,成为中国经济社会的两大"国家战略"。同年,时任国务院总理李鹏复信当时的美国副总统阿·戈尔,表示中国愿意参加由阿·戈尔发起的"GLOBE 计划"这一有益于全球环境的国际环境教育项目;由世界银行资助的"中国高等环境教育发展战略研究"项目也正式启动,旨在对中国高等环境教育进行系统而全面的分析和研究,提出中国高等环境教育的发展战略建议和行动方案。《中国 21 世纪议程》颁布、国家发展战略的确定以及参与国际环境教育项目,勾画出了具有中国特色的全民环境教育体系的基本框架,标志着学校环境教育体系的全面启动,开始了面向可持续发展的环境教育。

1995 年,《中国环境保护 21 世纪议程》指出:"环境宣传教育,就是要提高全民族对环境保护的认识,实现道德、文化、观念、知识、技能等方面的全面转变,树立可持续发展的新观念,自觉参与、共同承担保护环境、造福后代的责任与义务。""保护环境是中国的一项基本国策,加强环境教育是贯彻基本国策的基础工程。环境保护,教育为本。""通过高校的各个专业、中小学、幼儿园开展环境教育,来提高青少年和儿童的环境意识。"这也可以看成是我国环境教育与国际环境教育的正式接轨。

为了全面推动环境教育工作,中央宣传部、原国家教委、原国家环保局联合颁布了《全国环境宣传教育行动纲要(1996—2010 年)》(以下简称为《纲要》)。《纲要》明确规定了环境教育、环境宣传、国际合作、能力建设 4 个领域的目标和行动,构建了具有中国特色的环

境教育体系。《纲要》指出："环境教育的内容包括：环境科学知识、环境法律法规知识和环境道德伦理知识。在校期间树立自觉关注并解决环境、人口与可持续发展问题的主体精神，掌握有关环境、人口与可持续发展的科学知识，形成有关环境、人口与可持续发展的科学思想与相关能力。和全世界各国共同努力，把可持续发展与环境、人口教育联系起来，动员广大少年儿童和全社会成员积极参与，以改善人类的生存环境，实现人类经济社会的可持续发展。"依据我国实施素质教育的总体要求和可持续发展教育的实践特点，EDP（联合国教科文组织环境人口与可持续发展）教育项目将"主体教育和可持续发展教育"确定为指导项目实施的基本理念，遵循"主体探究、综合渗透、关注社会、合作发展"的实验原则。

1999年，来自国内外20多所知名大学以及世界自然基金会、教育部、原国家环保总局专家、学者、官员等汇聚清华大学，参加"大学绿色教育国际学术研讨会"。会议的主题是"绿色大学——教育的挑战、经验和建设"，目的是为了"提高对大学开展绿色教育重要性的认识，掌握绿色大学教育的整体思路和方法，并在中国实施绿色大学教育"。会议决定，成立由清华大学、哈尔滨工业大学、北京师范大学、上海交通大学、华中农业大学以及华南理工大学有关专家组成的"全国大学绿色教育协会筹备委员会"，在《环境与社会》杂志开辟"大学绿色教育"栏目。会议所发表的《长城宣言：中国大学绿色教育计划行动纲要》成为我国大学实施绿色教育的纲领性文件。同年，"中国中小学绿色教育行动"项目中期总结研讨会在北京召开，以此进一步推动该项目的有效实施。

进入21世纪以后，我国的环境教育更是呈现出快速发展的趋势，对环境与发展关系的认识更趋理性化，并提出国家经济社会的"科学发展观"，以确保我国未来的整个经济社会健康、和谐、持续发展。

2000年，在党的十五届五中全会通过的《中共中央关于制定国民经济和社会发展第十个五年计划的建议》中，生态建设和环境保护被列入了"十五"计划的主要奋斗目标，充分表明党和政府对社会发展必须依靠科技进步，保持经济、资源与环境协调发展的决心。当时的江泽民总书记和朱镕基总理在3月13日召开的全国人民代表大会环境保护与资源保护座谈会上强调指出："只要资源与环境保护工作出了问题，不管这位行政长官在哪里工作，都要追究责任。"这表明各级领导干部对地方经济发展与资源环境保护具有不可推卸的双重责任。同年，由世界自然基金会资助的"第一届全国大学绿色教育研讨会"在哈尔滨工业大学召开，参加会议的有来自原国家环保总局、中国社会科学院、北京大学等政府组织、科研机构与高校的官员、专家和学者。与会代表对大学绿色教育、创建"绿色大学"等问题进行了广泛的讨论和交流，并达成了以下共识："①与过去大学办学缺少环境保护思想，没有环境保护目标相比，绿色大学是一种办学理念的转变，是为了培养有'绿色思想'的学生；②'绿色大学'的产生是环境问题在高校的反映，是时代的产物，是环境保护形势的新发展；③绿色教育是长期而又艰巨的工作，组织者不应只是学者，而且应该是社会活动家；④绿色教育的教学研究人员应是环境自然科学与人文科学整合的人才，并积极在高校开设环境类课程;⑤在高校建立主干课程,并争取将'环境与可持续发展'提升为必修课,且有专门的教师负责教学,教学内容包括观念、知识、规范三个层次,教学过程中体现行动、哲学及思维方式的变革,教学中应有实践内容,在教学内容上各校做法可有所差异。"原国家环保总局和教育部也联合表彰了全国第一批"绿色学校",时任教育部副部长王湛指出:"为了实现科教兴国战略和可持续发展战略,适应21世纪社会发展的需要,环境教育将成为新世纪中小学课程的重要内容。"时任国家环保总局局长解振华指出:"……环境教育是现代素质教育的基本内容之一……现在我国的中小学环境教育又有了新的发展,它的显著标志就是开展创建'绿色学校'活动。"另一项具有特色的环境教育项目是由原国家环保总局主办,世界资源研究所、世界银行学院、香港理工大学以及地球之友协办的"贝迩工商管理与环境教育国际研讨会",标志着贝迩项目在中国的正式启动。贝迩项目于20世纪90年代初在北美和拉丁美洲实施并已得到很好推广,自2000年起在亚洲地区实施。贝迩项目旨在将环境和可持续发展的内容纳入工商管理学院的课程设计,并体现在教学大纲和教材内容中,通过举办师资培训、编写教材及案例,提供最新资料和信息,帮助学校获取与课程发展和研究有关的产业实践和技能的变化,以及在政府、学术机构、商学院和企业之间开展经常性交流等方式,建立起联系紧密的工作网络,共同推进环境教育在更高领域的发展,使今天的工商管理学院学生——未来的管理者在今后的决策中成为环境友好的伙伴。到2000年,我国正式参加贝迩项目的大学有清华大学、北京大学等6所著名大学。我国实施贝迩项目,把环境和可持续发展内容融入MBA教育中,将进一步推动环境保护事业的发展,提高环境管理、环保产业与咨询业的发展,丰富工商管理教育的内容,有助于我国的工商管理教育与全球同步。

2001年,《2001—2005年全国环境教育宣传教育工作纲要》印发,再次强调要"建立和完善有中国特色的环境教育体系","要采取多种方式,把环境教育渗透到学校教育的各个环节之中,努力提高环境教育的质量和效果","继续开展中小学'绿色学校'创建活动,要在巩固成果的基础上,使'绿色学校'创建活动向师范学校和中等专业学校拓展。制定并逐步完善符合我国国情的绿色学校指标体系和评估管理办法"。由此掀起了全国范围内创建"绿色学校"活动的高潮。由世界自然基金会发起,在东北大学召开的"第二届全国大学绿色教育研讨会"使可持续发展教育和创建"绿色大学"的理念得以进一步深化和传播。同年,教育部正式颁布《全日制义务教育各学科课程标准(实验稿)》,各学科课程标准中蕴涵着丰富的环境教育理念,渗透了大量环境教育内容,为进行渗透式环境教育创设了较充分的时间和空间。

2002年,联合国环境规划署与同济大学联合建立"环境与可持续发展学院",这是联合国首次与中国高校合作建立学院。该院将主要面向全世界尤其是亚太地区进行环境保护人才的培训和科研工作,成为全球性的环保人才培养基地。2003年,国务院印发《中国21世纪初可持续发展行动纲要》。纲要提出的21世纪初实施可持续发展战略的指导思想是:"坚持以人为本,以人与自然和谐为主线,以经济发展为核心,以提高人民群众生活质量为根本出发点,以科技和体制创新为突破口,坚持不懈地全面推进经济社会与人口、资源和生态环境的协调,不断提高我国的综合国力和竞争力,为实现第三步战略目标奠定坚实的基础。"总体目标是:"可持续发展能力不断增强,经济结构调整取得显著成效,人口总量得到有效控制,生态环境明显改善,资源利用率显著提高,促进人与自然的和谐,推动整个社会走上生产发展、生活富裕、生态良好的文明发展道路。""积极发展各级各类教育,提高全民可持续发展意识。强化人力资源开发,提高公众参与可持续发展的科学文化素质。在基础教育以及高等教育教材中增加关于可持续发展的内容,在中小学开设'科学'课程,在部分高等学校建立一批可持续发展的示范园(区)。""利用大众传媒和网络广泛开展国民素质教育和科学普及。加快培育一大批熟悉优生优育、生态环境保护、资源节约、绿色消费等方面基本知识和技能的科研人员、公务员和志愿者。积极鼓励与支持社会组织和民间团体参与促进可持续发展的各项活动。"这是继《中国 21 世纪议程》之后,我国政府对 21 世纪初实施可持续发展这一"国家战略"的总动员和总部署。

2003 年,"中小学零排废环境教育"培训班在北京举办,来自全国 12 个环境教育中心的指导教师、"中国中小学绿色教育行动"项目试点学校的教师参加了培训。该项目的出发点是"把本来对环境有害的生产废料变为可带来收益的其他生产环节的原料。这一具有革新性的概念不仅使学生对环境问题有了更深刻的理解,而且还帮助企业变废为宝,带来新的收益"。通过培训,将对"中国中小学绿色教育行动"项目开展起到很大的促进作用。同年,"第三届贝迩工商管理与环境教育国际研讨会"在复旦大学举办,本届研讨会与以往的不同之处是:"在大学校园内开展,是贝迩项目首次与校园文化的直接面对与交流,也是贝迩项目中'工商管理与环境教育'这一议题在教学领域内更深层面上的挖掘。"

对基础环境教育而言,2003 年也是特别重要的一年。教育部正式印发《中小学环境教育专题教育大纲》,明确要求环境教育从小学一年级到高中二年级进行,按平均每学年 4 课时安排教学内容。为保证《中小学环境教育专题教育大纲》的有效实施,教育部又正式印发了《中小学环境教育实施指南》,对我国中小学环境教育的性质、任务、目标、内容、评估等都做了具体而明确的规定。这是关于我国中小学环境教育的一份纲领性文件,对中小学环境教育的有效实施起到极大的推动和促进作用。2004 年,中国政府和国家领导人针对我国经济社会发展的关键时期所面临的资源、环境、生态、人口等问题,第一次提出了"科学发展观"的概念,并系统阐明了这一发展观的背景、目标和任务。

2013 年 9 月 7 日,习近平总书记在哈萨克斯坦纳扎尔巴耶夫大学发表演讲并回答学生们提出的问题,在谈到环境保护问题时他指出:"我们既要绿水青山,也要金山银山。宁要绿水青山,不要金山银山,而且绿水青山就是金山银山。"这生动形象表达了我们党和政府大力推进生态文明建设的鲜明态度和坚定决心。要按照尊重自然、顺应自然、保护自然的理念,贯彻节约资源和保护环境的基本国策,把生态文明建设融入经济建设、政治建设、文化建设、社会建设各方面和全过程,建设美丽中国,努力走向社会主义生态文明新时代。

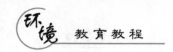

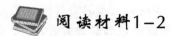 **阅读材料1-2**

关于生态文明建设：绿水青山就是金山银山

一、良好生态环境是最普惠的民生福祉

生态文明是人类社会进步的重大成果。人类经历了原始文明、农业文明、工业文明，生态文明是工业文明发展到一定阶段的产物，是实现人与自然和谐发展的新要求。建设生态文明，不是要放弃工业文明，回到原始的生产生活方式，而是要以资源环境承载能力为基础，以自然规律为准则，以可持续发展、人与自然和谐为目标，建设生产发展、生活富裕、生态良好的文明社会。

人与自然的关系是人类社会最基本的关系。自然界是人类社会产生、存在和发展的基础和前提，人类则可以通过社会实践活动有目的地利用自然、改造自然，但人类归根结底是自然的一部分，在开发自然、利用自然的过程中，人类不能凌驾于自然之上，人类的行为方式必须符合自然规律。人与自然是相互依存、相互联系的整体，对自然界不能只讲索取不讲投入、只讲利用不讲建设。保护自然环境就是保护人类，建设生态文明就是造福人类。

历史地看，生态兴则文明兴，生态衰则文明衰。古今中外，这方面的事例众多。恩格斯在《自然辩证法》一书中就深刻指出，"我们不要过分陶醉于我们人类对自然界的胜利。对于每一次这样的胜利，自然界都对我们进行报复"，"美索不达米亚、希腊、小亚细亚以及其他各地的居民，为了得到耕地，毁灭了森林，但是他们做梦也想不到，这些地方今天竟因此而成为不毛之地"。历史的教训，值得深思！

中华文明传承五千多年，积淀了丰富的生态智慧。"天人合一""道法自然"的哲理思想，"劝君莫打三春鸟，儿在巢中望母归"的经典诗句，"一粥一饭，当思来处不易；半丝半缕，恒念物力维艰"的治家格言，这些质朴睿智的自然观，至今仍给人以深刻警示和启迪。

我们党一贯高度重视生态文明建设。20世纪80年代初，我们就把保护环境作为基本国策。进入新世纪，又把节约资源作为基本国策。多年来，我们大力推进生态环境保护，取得了显著成绩。但是经过三十多年的快速发展，积累下来的生态环境问题日益显现，进入高发频发阶段。比如，全国江河水系、地下水污染和饮用水安全问题不容忽视，有的地区重金属、土壤污染比较严重，全国频繁出现大范围长时间的雾霾污染天气，等等。

这些突出环境问题对人民群众生产生活、身体健康带来严重影响和损害，社会反映强烈，由此引发的群体性事件不断增多。这说明，随着社会发展和人民生活水平不断提高，人民群众对干净的水、清新的空气、安全的食品、优美的环境等的要求越来越高，生态环境在群众生活幸福指数中的地位不断凸显，环境问题日益成为重要的民生问题。正像有人所说的，老百姓过去"盼温饱"现在"盼环保"，过去"求生存"现在"求生态"。

习近平总书记指出："良好生态环境是最公平的公共产品，是最普惠的民生福祉。"保护生态环境，关系最广大人民的根本利益，关系中华民族发展的长远利益，是功在当代、利在千秋的事业，在这个问题上，我们没有别的选择。必须清醒认识保护生态环境、治理环境污染的紧迫性和艰巨性，清醒认识加强生态文明建设的重要性和必要性，以对人民群众、对子孙后代高度负责的态度，加大力度，攻坚克难，全面推进生态文明建设，实现中华民族永续发展。

二、保护生态环境就是保护生产力

2013 年 5 月，习近平总书记在中央政治局第六次集体学习时指出，"要正确处理好经济发展同生态环境保护的关系，牢固树立保护生态环境就是保护生产力、改善生态环境就是发展生产力的理念"。这一重要论述，深刻阐明了生态环境与生产力之间的关系，是对生产力理论的重大发展，饱含尊重自然、谋求人与自然和谐发展的价值理念和发展理念。

改革开放以来，我国坚持以经济建设为中心，推动经济快速发展起来，在这个过程中，我们强调可持续发展，重视加强节能减排、环境保护工作。但也有一些地方、一些领域没有处理好经济发展同生态环境保护的关系，以无节制消耗资源、破坏环境为代价换取经济发展，导致能源资源、生态环境问题越来越突出。比如，能源资源约束强化，石油等重要资源的对外依存度快速上升；耕地逼近十八亿亩红线，水土流失、土地沙化、草原退化情况严重；一些地区由于盲目开发、过度开发、无序开发，已经接近或超过资源环境承载能力的极限；温室气体排放总量大、增速快；等等。这种状况不改变，能源资源将难以支撑、生态环境将不堪重负，反过来必然对经济可持续发展带来严重影响，我国发展的空间和后劲将越来越小。习近平总书记指出："我们在生态环境方面欠账太多了，如果不从现在起就把这项工作紧紧抓起来，将来会付出更大的代价。"

环顾世界，许多国家，包括一些发达国家，都经历了"先污染后治理"的过程，在发展中把生态环境破坏了，搞了一堆没有价值甚至是破坏性的东西。再补回去，成本比当初创造的财富还要多。特别是有些地方，像重金属污染区，水被污染了，土壤被污染了，到了积重难返的地步，至今没有恢复。英国是最早开始走上工业化道路的国家，伦敦在很长一段时期是著名的"雾都"。1930 年，比利时爆发了世人瞩目的马斯河谷烟雾事件。20 世纪 40 年代的光化学烟雾事件使美国洛杉矶"闻名世界"。殷鉴不远，西方传统工业化的迅猛发展在创造巨大物质财富的同时，也付出了十分沉重的生态环境代价，教训极为深刻。

中国是一个有十三亿多人口的大国，我们建设现代化国家，走美欧老路是走不通的。能源资源相对不足、生态环境承载能力不强，已成为我国的一个基本国情。发达国家一两百年出现的环境问题，在我国三十多年来的快速发展中集中显现，呈现明显的结构型、压缩型、复合型特点，老的环境问题尚未解决，新的环境问题接踵而至。走老路，去无节制消耗资源，去不计代价污染环境，难以为继！中国要实现工业化、信息化、城镇化、农业现代化，必须走出一条新的发展道路。

我们只有更加重视生态环境这一生产力的要素，更加尊重自然生态的发展规律，保护和利用好生态环境，才能更好地发展生产力，在更高层次上实现人与自然的和谐。要克服把保护生态与发展生产力对立起来的传统思维，下大决心、花大气力改变不合理的产业结构、资源利用方式、能源结构、空间布局、生活方式，更加自觉地推动绿色发展、循环发展、

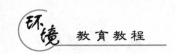

低碳发展,决不以牺牲环境、浪费资源为代价换取一时的经济增长,决不走"先污染后治理"的老路,探索走出一条环境保护新路,实现经济社会发展与生态环境保护的共赢,为子孙后代留下可持续发展的"绿色银行"。

三、以系统工程思路抓生态建设

习近平总书记强调,环境治理是一个系统工程,必须作为重大民生实事紧紧抓在手上。要按照系统工程的思路,抓好生态文明建设重点任务的落实,切实把能源资源保障好,把环境污染治理好,把生态环境建设好,为人民群众创造良好生产生活环境。

要牢固树立生态红线的观念。生态红线,就是国家生态安全的底线和生命线,这个红线不能突破,一旦突破必将危及生态安全、人民生产生活和国家可持续发展。我国的生态环境问题已经到了很严重的程度,非采取最严厉的措施不可,不然不仅生态环境恶化的总态势很难从根本上得到扭转,而且我们设想的其他生态环境发展目标也难以实现。习近平总书记强调:"在生态环境保护问题上,就是要不能越雷池一步,否则就应该受到惩罚。"要精心研究和论证,究竟哪些要列入生态红线,如何从制度上保障生态红线,把良好生态系统尽可能保护起来。对于生态红线全党全国要一体遵行,决不能逾越。

优化国土空间开发格局。国土是生态文明建设的空间载体,要按照人口资源环境相均衡、经济社会生态效益相统一的原则,统筹人口分布、经济布局、国土利用、生态环境保护,科学布局生产空间、生活空间、生态空间,给自然留下更多修复空间,给农业留下更多良田,给子孙后代留下天蓝、地绿、水净的美好家园。加快实施主体功能区战略,严格实施环境功能区划,构建科学合理的城镇化推进格局、农业发展格局、生态安全格局,保障国家和区域生态安全,提高生态服务功能。要坚持陆海统筹,进一步关心海洋、认识海洋、经略海洋,提高海洋资源开发能力,保护海洋生态环境,扎实推进海洋强国建设。

全面促进资源节约。大部分对生态环境造成破坏的原因是来自对资源的过度开发、粗放型使用,如果竭泽而渔,最后必然是什么鱼也没有了。扬汤止沸不如釜底抽薪,建设生态文明必须从资源使用这个源头抓起,把节约资源作为根本之策。要大力节约集约利用资源,推动资源利用方式根本转变,加强全过程节约管理,大幅降低能源、水、土地消耗强度。控制能源消费总量,加强节能降耗,支持节能低碳产业和新能源、可再生能源发展,确保国家能源安全,努力控制温室气体排放,积极应对气候变化。加强水源地保护,推进水循环利用,建设节水型社会。严守十八亿亩耕地保护红线,严格保护耕地特别是基本农田,严格土地用途管制。加强矿产资源勘查、保护、合理开发,提高矿产资源勘查合理开采和综合利用水平。大力发展循环经济,促进生产、流通、消费过程的减量化、再利用、资源化。

加大生态环境保护力度。良好生态环境是人和社会持续发展的根本基础。要以解决损害群众健康突出环境问题为重点,坚持预防为主、综合治理,强化水、大气、土壤等污染防治,着力推进重点流域和区域水污染防治,着力推进颗粒物污染防治,着力推进重金属污染和土壤污染综合治理,集中力量优先解决好细颗粒物(PM2.5)、饮用水、土壤、重金属、化学品等损害群众健康的突出问题,切实改善环境质量。实施重大生态修复工程,增强生态产品生产能力,推进荒漠化、石漠化综合治理,扩大湖泊、湿地面积,保护生物多样性,提高适应气候变化能力。

四、实行最严格的生态环境保护制度

建设生态文明是一场涉及生产方式、生活方式、思维方式和价值观念的革命性变革。实现这样的根本性变革,必须依靠制度和法治。我国生态环境保护中存在的一些突出问题,大都与体制不完善、机制不健全、法治不完备有关。习近平总书记指出:"只有实行最严格的制度、最严密的法治,才能为生态文明建设提供可靠保障。"必须建立系统完整的制度体系,用制度保护生态环境、推进生态文明建设。

要完善经济社会发展考核评价体系。科学的考核评价体系犹如"指挥棒",在生态文明制度建设中是最重要的。要把资源消耗、环境损害、生态效益等体现生态文明建设状况的指标纳入经济社会发展评价体系,建立体现生态文明要求的目标体系、考核办法、奖惩机制,使之成为推进生态文明建设的重要导向和约束。要把生态环境放在经济社会发展评价体系的突出位置,如果生态环境指标很差,一个地方一个部门的表面成绩再好看也不行。

要建立责任追究制度。资源环境是公共产品,对其造成损害和破坏必须追究责任。对那些不顾生态环境盲目决策、导致严重后果的领导干部,必须追究其责任,而且应该终身追究。不能把一个地方环境搞得一塌糊涂,然后拍拍屁股走人,官还照当,不负任何责任。要对领导干部实行自然资源资产离任审计,建立生态环境损害责任终身追究制。

要建立健全资源生态环境管理制度。健全自然资源资产产权制度和用途管制制度,加快建立国土空间开发保护制度,健全能源、水、土地节约集约使用制度,强化水、大气、土壤等污染防治制度,建立反映市场供求和资源稀缺程度、体现生态价值和代际补偿的资源有偿使用制度和生态补偿制度,健全环境损害赔偿制度,强化制度约束作用。加强生态文明宣传教育,增强全民节约意识、环保意识、生态意识,营造爱护生态环境的良好风气。

➢四、中国环境教育的特点

1.中国政府的高度关注

从1972年中国政府派代表团参加在瑞典斯德哥尔摩召开的"联合国人类环境会议",到习总书记生态文明思想的提出,表明了中国政府对环境教育的高度关注。

2.尚未形成中国特色的现代环境教育体系

中国环境教育为了追寻国际环境教育发展的轨迹和步伐,长期处于"引进、借鉴、模仿"状态,虽然说已经"初步形成了一个多层次、多形式、专业较齐全、具有中国特色的环境教育体系",但这只是初步和浅层的"环境教育体系",如关于环境教育的定义、性质、任务、目标、内容、方法等,还没有形成整体的认识和理解,更没有形成完备的理论体系和实践模式。正由于"引进、借鉴、模仿"较多,环境教育理论研究相对滞后,对环境教育实践指导相对乏力。我国现阶段的环境教育主要包括环境宣传教育和学校环境教育两个部分。环境宣传教育的载体主要是各种"环境节日"和媒体,学校环境教育的载体主要是创建

"绿色学校"和各学科的渗透式环境教育,虽然也取得了较好的成果,但既符合国际环境教育发展潮流,又符合中国国情、具有中国特色的现代环境教育体系和模式尚未完全形成。

3.环境教育发展不平衡性显著

"环境与发展""环境保护,教育为本"等尚未成为民众的普遍共识,国民环境意识和环境素质参差不齐、落差较大。同时,现有国民教育体系中的各级"升学教育"以及环境教育师资匮乏、技术支持落后、地域差异很大等都严重阻碍了环境教育的有效实施,导致环境教育的发展很不平衡,学校环境教育发展相对较快,而社区环境教育、家庭环境教育等发展相对较慢;环境教育的地域差异、个体差异及群体差异突出,呈现出沿海好于内地、城市好于乡村、儿童及青少年好于成人、高文化素质群体好于低文化素质群体的显著特征。

 阅读材料1-3

环境保护部 中宣部 教育部关于做好新形势下环境宣传教育工作的意见

2009 年 6 月 1 日

环发〔2009〕60 号

各省、自治区、直辖市及计划单列市环境保护局(厅)、宣传部、教育厅(教委、局):

近年来,各地区环保、宣传、教育部门以原国家环保总局、中宣部、教育部联合下发的《关于做好"十一五"时期环境宣传教育工作的意见》为指导,在推动本系统环境宣传教育工作的同时,广泛动员社会各界积极参与,取得了明显成效,在增强各级领导和公众的环境意识、建设生态文明、推进环境保护历史性转变中发挥了重要作用。当前,我国环境污染严重,环境保护工作任务十分艰巨。为切实做好新形势下的环境宣传教育工作,进一步在全社会形成自觉保护环境和推进生态文明建设的强大合力,为推进生态文明和环境友好型社会建设、全面完成"十一五"环境保护目标营造浓厚的舆论氛围,现提出如下意见:

一、充分认识环境宣传教育面临的新形势和新任务

(一)充分认识环境宣传教育工作面临的新形势。党的十七大报告强调要建设生态文明,环境保护作为基本国策进入了国家经济与社会生活的主干线、主战场和大舞台。加强环境宣传教育,是推动落实科学发展观、实现国家环境保护意志的重要手段。通过宣传教育,引导干部群众真正理解和掌握科学发展观的重大意义、科学内涵、精神实质和根本要求,充分认识环境保护在科学发展中的地位和作用;加强环境宣传教育,是推动全社会树立生态文明理念的必然要求。通过宣传教育,提升全民环境道德水平,在全社会牢固树立生态文明理念,养成文明的生产、消费及生活方式;加强环境宣传教育,是完成"十一五"污染减排目标的重要举措。

(二)新形势下环境宣传教育工作面临的新任务。坚持以科学发展观为统领,继续贯彻《国务院关于落实科学发展观加强环境保护的决定》精神,坚持团结稳定鼓劲、正面宣传为主、服务大众的方针，围绕建设生态文明、推进历史性转变和探索环保新道路，积极宣传党和国家环保政策方针，开展以弘扬生态文明为主题的环境宣传教育，引导公众积极参与支持环境保护。

二、大力加强环境新闻宣传工作

（一）环境新闻宣传要坚持正面宣传为主，把提高舆论引导能力放在突出位置。宣传部门组织环境新闻报道要切实树立起政治意识、大局意识，充分发挥环境宣传的主渠道作用。要组织采编人员深入基层、深入实际，积极配合环境保护部门编发、播报环保稿件；实事求是地引导公众用发展的、辩证的、建设性的眼光客观看待环境问题；主动开设专题专栏，组织策划优秀选题，对环境问题进行深入报道；精心组织对外宣传报道，及时宣传我国政府对加强环境保护做出的决策部署、采取的正确措施、工作的进展和成效。

（二）环境新闻宣传内容要围绕国家环保中心工作，服务大局。要针对推进环境保护历史性转变、主要污染物减排、让江河湖海休养生息、环境经济政策等内容，加大新闻报道力度。积极报道建设生态文明、探索环保新道路的热点、焦点和难点问题，报道推动环境与经济协调发展的区域典型，坚持环保理念、克服经济困难、加强污染治理的典型经验；批评曝光环境违法行为和"两高一资"项目盲目发展等有违科学发展的问题。

三、积极推进面向公众的环境宣传教育

（一）推动环境信息公开，切实保障公众的环境知情权、监督权。积极探索公众参与环境保护的有效机制，引导公众依法、理性、有序参与环境保护。

（二）积极开展各类宣传活动。环保、宣传、教育、广电、新闻出版和文化等部门要积极配合，以"六·五"世界环境日等重要纪念日为契机，设立统一的宣传主题，开展创意新、影响大、形式多样的环境宣传教育活动；继续推动绿色创建活动，并结合全国和各地环保工作实际，策划一批主题鲜明、可长期开展的活动，创建公众参与宣传教育活动品牌；积极探索农村环境保护宣传的有效方式，组织开展群众听得懂、易接受、喜闻乐见的宣传教育活动。

（三）实施全民环境宣传教育行动计划。环保部门要在总结以往试点经验的基础上，研究制订开展全民环境宣传教育的指导性文件。各地环保、宣传和教育部门要加强合作，筛选一批有条件、有代表性的城市、农村、学校、企业开展全民环境宣传教育试点，扩大全民环境宣传教育覆盖范围。

（四）加强青少年环境教育，进一步加大基础教育、高等教育阶段的环境教育力度。教育部门要积极推进环境科学专业教育，增加高等院校公共选修课中环境教育课程比重，普及中小学环境教育。环保、宣传、教育部门要积极配合，为各类学校开展环境教育和可持续发展教育相关的综合实践活动提供支持与帮助。支持开展与环保相关的研究性学习、专题讲座、绘画、征文比赛和科技创新大赛等丰富多彩的课外活动，积极培养和发展青少年环保宣传志愿者队伍。

（五）深入开展面向社会的环境教育培训。环保和教育部门要将环境教育培训列入议事日程，制定年度计划，依托有条件的大专院校承担面向社会的培训任务，分级分类、有针

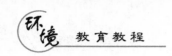

对性地开展环境教育培训,尤其要加大对党政领导干部和企业领导干部的环境教育培训力度,增强他们的环境保护意识。

(六)面向社会推出一批优秀环保宣传品。环保、宣传、教育、新闻出版、文化部门要积极引导、推动环保宣传品的健康发展,鼓励推出一批反映环保成就,倡导生态文明,高质量、有影响的优秀剧目、优秀图书、优秀影视片、优秀音乐作品以及环保公益广告,营造良好的舆论氛围和社会环境。为各类学校开展环境教育提供相应的读本、手册等。

四、重视环境宣传教育理论研究工作

(一)进一步加强对生态文明的理论研究,丰富环境宣传教育内涵。要广泛动员社会各方面力量,大力开展生态文明内涵和实践研究,主动联系和协调有关院校、研究机构以及文化单位,设立生态文明研究课题,形成研究成果,为生态文明的传播提供理论支持。

(二)开展环境教育立法研究。环保、教育部门要共同推动环境教育的制度化和法制化进程,积极推进环境教育立法的理论研究和创新,并借鉴国外有益做法和经验,推动环境教育立法工作。

五、加强环境宣传教育能力建设和组织保障

(一)重视环境宣传教育机构和人才队伍建设,建设一支政治素质高、思想作风正、业务能力强、工作有激情的环境宣传教育队伍。加强各级环境宣教部门领导班子能力建设,切实提高组织协调、宣传教育和策划活动的能力。加大对环境宣传教育人员的培训力度,开展经常性的、多种形式的学习交流活动,提升宣教队伍的思想政治素质和业务水平。

(二)完善环境宣传教育经费的多元化投入机制。各地要加大环境宣传教育经费投入,同时积极引导社会资金用于环境宣传教育。尤其要加强对西部地区环境宣传教育的扶持力度,积极创造必要工作条件,保障环境宣传教育拥有相应的设备、设施,包括网络运转能力、音像制作能力、信息处理能力、通信传递能力、培训的电化教育能力。

(三)建立健全环境宣传教育组织协调机制。由环境保护部、中宣部、教育部负责牵头,建立健全部门协调联动机制,统一规划、指导、协调、规范环境宣传教育工作,尽快形成政府主导、各方配合、运转顺畅、充满活力、富有成效的工作格局。重视发挥非政府组织在开展环境宣传教育中的重要作用,动员全社会力量共同为建设生态文明和环境友好型社会贡献力量。

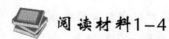阅读材料1—4

全国环境宣传教育行动纲要(2011—2015年)

为进一步加强环境宣传教育工作,增强全民环境意识,建立全民参与的社会行动体系,推进资源节约型、环境友好型社会建设,提高生态文明水平,依据党中央、国务院关于加强环境保护的要求和"十二五"时期环境保护工作部署,特制定《全国环境宣传教育行动纲要(2011—2015年)》。

一、"十一五"环境宣传教育情况和面临的任务

"十一五"期间,环境宣传教育坚持以科学发展观为统领,坚持团结稳定鼓劲、正面宣传为主、服务大众的方针,以《关于做好"十一五"时期环境宣传教育工作的意见》《关于做好新形势下环境宣传教育工作的意见》为指引,有力地服务和配合了环保中心工作,全社会环境意识明显提高,对环境保护的认识和实践都发生了重要转变,在建设资源节约型、环境友好型社会和生态文明,圆满完成污染减排任务等工作中发挥了重要作用。

党的十七届五中全会根据"十二五"时期环境保护面临的形势和任务,提出要加快建设资源节约型、环境友好型社会和提高生态文明水平。环境宣传教育作为环境保护工作的重要组成部分,要紧紧围绕党和国家工作大局,按照党中央、国务院对新时期环境保护工作的总要求,贴近实际,贴近群众,贴近生活,深入探索新形势下做好宣传教育的新思路和新举措,积极宣传党和国家的环保方针和政策,开展以弘扬生态文明为主题的环境宣传教育活动,推进全民环境宣传教育行动计划,引导公众积极参与支持环境保护,为"十二五"时期环境保护事业发展提供有力的舆论支持和文化氛围。

二、"十二五"环境宣传教育行动总体目标和基本原则

"十二五"时期的环境宣传教育工作,要全面贯彻党的十七大和十七届五中全会精神,深入落实科学发展观,坚持围绕中心,服务大局,着力宣传环境保护对于更加注重民生、转变经济发展方式和优化经济结构的重要作用,着力宣传以环境保护优化经济增长的先进典型,着力宣传推进污染减排、探索环保新道路的新举措和新成效,着力创新宣传形式和工作机制,积极统筹媒体和公众参与的力量,建立全民参与环境保护的社会行动体系,为建设资源节约型和环境友好型社会、提高生态文明水平营造浓厚舆论氛围和良好的社会环境。

(一)总体目标

扎实开展环境宣传活动,普及环境保护知识,增强全民环境意识,提高全民环境道德素质;加强舆论引导和舆论监督,增强环境新闻报道的吸引力、感召力和影响力;加强上下联动和部门互动,构建多层次、多形式、多渠道的全民环境教育培训机制,建立环境宣传教育统一战线,形成全民参与环境保护的社会行动体系;建立和完善环境宣传教育体制机制,进一步提高服务大局和中心工作的能力与水平。

(二)基本原则

——服务中心,突出重点。充分利用媒体资源,把握话语权,唱响主旋律、打好主动仗,为推进环境保护事业凝聚力量,营造氛围。

——创新形式,打造品牌。针对不同对象,开展各具特色的环境宣传教育活动,丰富环境宣传教育内容,打造环境宣传教育品牌。

——规范引导,有序参与。加强制度建设,完善激励机制,鼓励和引导公众以及环保社会组织积极有序参与环境保护。

——整合资源,形成合力。各有关部门要将环境宣传教育纳入职责范围,各司其职,密切协作,形成运转顺畅、充满活力、富有成效的工作格局。

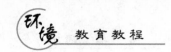

三、"十二五"环境宣传教育行动任务

（一）创新宣传方式，开展丰富多彩的全民环境宣传活动

（1）做强做大环保主题宣传、环保成就宣传和环保典型宣传。围绕建设资源节约型、环境友好型社会和提高生态文明水平，以"世界环境日""世界地球日""生物多样性保护日"等纪念日为契机，开展范围广、影响大的环境宣传活动。不断改进宣传内容及形式手段，丰富宣传题材、风格和载体，贴近群众、贴近生活、贴近实际，不断增强宣传教育活动的实效。

（2）有针对性地开展环境政策、法制宣传。针对不同对象的不同特点提出不同要求，广泛、深入、扎实地开展环境法制宣传教育，提高公众预防环境风险意识，鼓励公众依法参与环境公共事务，维护环境权益；提高企业守法意识，自觉履行社会责任。

（3）加大农村环境宣传教育力度。利用广播、电视、电影、图书、文艺表演、经典诵读和技能培训等多种形式，扎实开展"环保知识下乡"活动，深化生态文明村创建工作，传播生态文明理念，引导农民自觉保护生态环境，转变生产与生活方式，提高生活质量。

（二）加强舆论引导，扩大环境新闻传播影响力

（1）加强环境新闻发布工作。建立健全新闻发言人制度。充分利用各级党委、政府和"两会"新闻发布会等新闻发布平台，及时发布环境信息，对重大突发环境事件，要在第一时间向社会发布；对群众普遍关注的热点问题，要主动设置议题，及时组织发布。

（2）关注舆情，引导舆论。建立环境舆情收集机制，及时收集、分析国内外环境舆情，为领导科学决策提供依据。根据重大舆情动向，有针对性地进行舆论引导。

（3）规范新闻采访工作。完善新闻采访制度，明确程序，统一口径，归口管理。积极受理媒体采访申请，做好记者接待工作。

（4）提高新闻传播能力。加强与报刊、广播电视等传统媒体的深度合作，重视发挥网络、手机等新媒体的作用，不断提高传播能力，扩大环境信息的覆盖面。加大对外宣传力度，积极拓宽外宣渠道，真实、客观报道我国的环保工作，维护我国负责任环保大国的形象。

（三）开展全民环境教育行动

（1）把生态环境道德观和价值观教育纳入精神文明建设内容进行部署。各级环保部门与各级文明办要加强协调配合，积极探索有效途径，大力宣传生态文明的思想内涵，扎实开展群众性精神文明创建活动，促进全民树立正确的生态环境道德观和价值观，提高生态文明水平。

（2）加强基础教育、高等教育阶段的环境教育和行业职业教育，推动将环境教育纳入国民素质教育的进程。强化基础阶段环境教育，在相关课程中渗透环境教育的内容，鼓励中小学开办各种形式的环境教育课堂。推进高等学校开展环境教育，将环境教育作为高校学生素质教育的重要内容纳入教学计划，组织开展"绿色大学"创建活动。大力开展环保行业职业教育与培训，成立环保教育与培训工作专家组织，对环保行业职业教育进行研究、指导、服务和质量监控，搭建校企合作平台，建立政、产、学、研合作的有效机制。

（3）加强面向社会的培训。各级环保部门要会同有关部门将环境教育培训列入日程，

制定年度计划,面向全社会开展培训,尤其要加大对各级党政领导干部、学校教师和企业负责人的培训力度,增强他们的环境意识和社会责任感。

（四）引导规范环境保护公众参与

(1)建立健全环境保护公众参与机制。拓宽渠道,鼓励广大公众参与环境保护。积极引导、规范公众有序开展环境宣传教育、环境保护、环境维权等活动,维护自身的环境权益和社会公共环境权益。

(2)定期发布环境状况白皮书。通过定期发布环境状况白皮书等形式,推动环境信息公开,满足公众环境知情权。

(3)培育引导环保社会组织有序发展。以《关于培育引导环保社会组织有序发展的指导意见》为指导,加强政策扶持力度,改善环保社会组织发展的外部环境,注重培育和支持青少年生态环保社团。深入研究有效的渠道和方式,建立引导、管理和服务机制,鼓励、引导环保民间组织积极有序参与环境保护。

(4)拓宽环境宣传教育国际交流与合作渠道。加强与国际组织、环境教育机构、科研院校的联系,举办国家环境教育方面的国际研讨与交流。

(5)开展社会表彰和国际环境奖项的推选。积极推进中国环境大使、绿色中国年度人物、环境好新闻、母亲河奖等奖项的开展,表彰先进,树立典型,激励全社会积极参与环境保护事业。

（五）发展环境文化产业,打造环境文化精品

(1)鼓励环境文化产品创作生产。鼓励社会各界积极参与环境文化产品的创作和生产,增强环境文化的影响力、辐射力和渗透力。

(2)积极扶持环境文化产业发展。以文化体制改革为契机,积极推进出版、报刊改制,整合环境新闻资源,培育具有较强竞争力和实力的环境文化企业。支持环境文化创意产业的发展。

(3)面向社会推出一批优秀环保宣传品。会同宣传、教育、新闻出版、文化、语言文字等部门,推出一批反映环保成就、倡导生态文明,具有思想性、艺术性、观赏性的电影、电视、戏剧、公益广告等环境宣传品,并设立优秀环境文化作品奖项。

（六）建设环境宣传教育系列工程

(1)建设环境宣传教育理论研究工程。积极探索新时期环境宣传教育规律,构建具有鲜明环境保护特色的宣传教育理论体系。加强环境保护理论研究,丰富生态文明和探索环保新道路内容,为环境保护事业发展提供理论支持。

(2)建设全民环境教育示范工程。推进全民环境教育试点,在不同区域的城市、学校、社区等开展一批"环境友好"试点项目。以树立生态文明风尚、践行环保理念为主题,大力推进生态文明村镇创建,深化千名环境友好使者行动、"低碳家庭·时尚生活"主题活动以及保护母亲河行动,全面总结环境教育工作经验,创新思路,转变模式,探索"环境友好型学校"、环境教育基地等实施规范和指导标准,逐步建立全民参与的社会行动体系。

建设中小学生环境教育社会实践基地。充分利用社会资源,遴选一批适合面向中

小学生开放的植物园、科技馆、文化馆、博物馆、科研院校的实验室、民间环保社团等机构，建立中小学生社会实践基地。定期开展综合实践活动，就近就便接待中小学生参观实践。

（3）建设环境电视传播工程。与新华社等主流媒体开展深度合作，积极组织各方力量，充分整合环境宣教优势资源，以国际视野、中国观察、即时传播、客观表达的理念，探索打造环境电视新闻平台，有效提高我国环保声音的传播力，向国内外宣传我国环境保护形势、工作、成就和举措。

（4）建设环境文化工程。支持环境图书出版工作，编辑出版反映中国环保前沿思想和较高学术水准的"中国环境文库"；扶持面向社会公众的"全民环境教育系列读物"。

（5）建设环境宣教信息化工程。加大财政资金支持力度，基本建成覆盖城乡各级的环保宣教信息化体系。积极配备先进、高效、实用的数字化环境宣教基础设施，开发网络环保宣教学习课程，建立开放灵活的环境宣教资源公共服务平台，促进优质教育资源普及共享。

四、"十二五"环境宣传教育行动保障措施

（一）推进依法开展环境宣传教育

（1）完善环境宣教法律法规。根据经济社会发展和环境保护工作的需要，制定和完善有关环境新闻和信息发布、环境宣传、环境教育等规章制度。加强环境宣教行政法规建设。各地根据当地实际，制定促进本地区环境宣教发展的地方性法规和规章。

（2）全面推进依法行政。各级政府要按照建设法治政府的要求，依法履行环境宣教职责，提升环境宣教能力。依法维护公众参与环境宣教的权益，完善信息公开制度，保障公众对环境宣教的知情权、参与权和监督权。

（二）建立有利于环境宣传教育工作的体制机制

（1）加强组织领导。各地区、各有关部门要把环境宣传教育工作放在重要位置，纳入工作全局研究部署、检查落实。在方向上牢牢把握，在工作上及时指导，在政策上大力支持，在投入上切实加强。

（2）健全环境宣传教育机构。尽快在各地区建立完整的环境宣教行政网络，分设行政编制的政府环境宣教机构和社会公益性环境宣教事业单位。

（3）加强全国地市级环境宣传教育机构能力建设。在"十一五"全国省级环境宣传教育机构标准化建设的基础上，加强对基层宣教工作投入，加强地市级环境宣教能力建设，为基层宣教工作创造条件。

（4）加强人才队伍建设。加强环保部门宣教人才、骨干的队伍建设，定期开展宣教干部业务培训交流。加大对环保社会组织和学生社团环境宣教人才队伍建设的指导和帮助力度，加强对企业环境宣教人才的培养。

（5）加强部门协作，建立健全部门协调联动机制。各级环保、宣传、教育、文明办等部门以及工会、共青团、妇联等社会团体要各负其责，统一规划、指导、协调、规范环境宣传教育工作，尽快形成政府主导、各方配合、运转顺畅、充满活力、富有成效的工作格局。

（三）建立规范的全民环境意识评估体系

（1）建立环境意识评估体系。深入调查研究,建立包括认识意识指标、关注意识指标、行为意识指标、道德意识指标等在内的环境意识评估体系。

（2）定期开展全民环境意识调查,发布全民环境意识报告。以《中国公众环保指数》的形式定期发布全民环境意识报告,全面系统地反映环境宣教的效果、公众环境意识水平以及公众对环保工作的满意度,为各级政府相关部门决策提供参考。

（四）建立环境宣传教育工作绩效评估体系

（1）建立环境宣传教育工作绩效评估指标体系。通过深入调研和科学规划,建立环境宣传教育工作的绩效评估指标体系,确定评估内容、评估方法和工作步骤,全面评估环境宣传教育工作。

（2）分层次开展环境宣传教育工作绩效评估。定期表彰、奖励先进,开展环境宣传教育工作绩效评估,将评估情况列入干部考核内容。

（3）定期对环境宣传教育工作开展和《全国环境宣传教育行动纲要(2011—2015年)》执行情况进行通报。建立通报和信息交流制度,加强宣教信息报送,推进宣传教育信息公开。

（五）资金保障

各级政府要加大对环境宣传教育工作的资金投入力度,把环境宣传教育经费纳入年度财政预算予以保障。各级环保宣传教育部门要积极扩宽资金投入渠道,努力争取各级财政、发改委基础设施建设项目及各类专项资金的投入;要充分调动社会力量,扩大社会资源进入环保宣教的途径,多渠道增加社会融资。

 阅读材料1—5

全国环境宣传教育工作纲要(2016—2020年)

为进一步加强生态环境保护宣传教育工作,增强全社会生态环境意识,牢固树立绿色发展理念,坚持"绿水青山就是金山银山"重要思想,全面推进生态文明建设,依据党中央、国务院关于推进生态文明建设、加强环境保护的新要求和"十三五"时期环境保护工作的新部署,特制定《全国环境宣传教育工作纲要(2016—2020年)》。

一、"十三五"环境宣传教育工作面临的形势

"十二五"期间,环境宣传教育工作坚持围绕中心、服务大局,全面贯彻落实《全国环境宣传教育行动纲要(2011—2015年)》,进一步加强环境新闻发布和舆论引导,广泛组织形式多样的环境宣传活动,积极开展学校环境教育,扎实推动环境信息公开和公众参与,着力提升社会各界特别是党政领导干部生态文明和环境保护意识,与时俱进,开拓进取,为促进我国环保事业发展作出了积极贡献。

但也要看到,环境宣传教育的现状与环保事业的快速发展还存在一定差距:一是在应对公共事务、与公众有效沟通等方面能力不足;二是对传统媒体和新兴媒体融合发展适应性不足;三是宣传教育手段创新突破不足;四是生态文化产品供给能力不足。党中央、国

务院把生态文明建设和环境保护摆上更加突出的位置,"十三五"环保工作明确以改善环境质量为核心,环境宣传教育工作面临新的挑战:环境改善的复杂性、艰巨性、长期性,环境保护优化经济发展的紧迫性、必要性,需要得到公众的理解和支持;新媒体的快速发展、网络舆论环境日益复杂,环境信息的传播形式和方法亟待调整;人民群众对生态文化产品的需求不断增强,生态文化公共服务体系建设任重道远。

新修订的《中华人民共和国环境保护法》规定,"各级人民政府应当加强环境保护宣传和普及工作","教育行政部门、学校应当将环境保护知识纳入学校教育内容","新闻媒体应当开展环境保护法律法规和环境保护知识的宣传,对环境违法行为进行舆论监督"。中共中央、国务院出台的《关于加快推进生态文明建设的意见》提出,"积极培育生态文化、生态道德,使生态文明成为社会主流价值观,成为社会主义核心价值观的重要内容"。《中共中央关于制定国民经济和社会发展第十三个五年规划的建议》提出,"加强资源环境国情和生态价值观教育,培养公民环境意识,推动全社会形成绿色消费自觉"。环境宣传教育工作面临新形势、新部署、新要求,必须进一步增强责任感和使命感,应势而动,顺势而为。

二、"十三五"环境宣传教育工作的指导思想和总体要求

(一)指导思想

"十三五"时期的环境宣传教育工作,要全面贯彻党的十八大和十八届三中、四中、五中全会精神,以马克思列宁主义、毛泽东思想、邓小平理论、"三个代表"重要思想、科学发展观为指导,深入贯彻习近平总书记系列重要讲话精神,紧紧围绕"五位一体"总体布局和"四个全面"战略布局,树立和贯彻创新、协调、绿色、开放、共享的发展理念,以生态文明理念为引领,认真落实党中央、国务院关于生态文明建设和环境保护的部署要求,促进环境宣传教育工作上台阶上水平。

(二)基本原则

(1)围绕中心,服务大局。积极宣传党中央、国务院关于生态文明建设和环境保护工作的大政方针,宣传生态文明建设和环境保护面临的形势和中心任务,提高全社会的环境意识。

(2)正面引导,主动作为。加强环境舆论引导工作,掌握舆论引导的主动权、话语权。弘扬主旋律,传播正能量,对群众关注的热点难点环境问题积极疏导,化解矛盾。

(3)统筹推进,形成合力。充分发挥社会各方的积极性和创造性,用好用足社会优质宣传资源,大力弘扬和宣传生态文明主流价值观,形成环境宣传教育工作大格局。

(4)与时俱进,改革创新。研究新情况,提出新措施,在落细、落小、落实上下功夫,提高宣传教育的针对性和有效性。适应互联网环境下宣传教育方式的发展变化,拓宽渠道,增加活力。

(三)主要目标

到2020年,全民环境意识显著提高,生态文明主流价值观在全社会顺利推行。构建全民参与环境保护社会行动体系,推动形成自上而下和自下而上相结合的社会共治局面。积极引导公众知行合一,自觉履行环境保护义务,力戒奢侈浪费和不合理消费,使绿色生

活方式深入人心。形成与全面建成小康社会相适应，人人、事事、时时崇尚生态文明的社会氛围。

三、"十三五"环境宣传教育的主要任务

（一）加大信息公开力度，增强舆论引导主动性

（1）完善环境新闻发布制度。各级环保部门都要设立新闻发言人，建立健全例行新闻发布制度。每月至少召开1次例行发布会，组织好重点时段新闻发布会。新闻发布应结合公众关注的热点和现实问题，围绕环保工作重点，提高时效性、规范性、大众性，力求及时准确、通俗易懂。环境政策解读与新闻发布同步进行，积极向公众阐释政策，扩大共识。

（2）确立正确、积极的环境舆论导向。新闻媒体要加大环境新闻报道力度。主要报纸、通讯社、广播电台、电视台及新闻网站应积极开设环保专栏，加强环境形势的宣传和政策解读，普及环境保护的科学知识和法律法规，报道先进典型，曝光违法案例。各级环保部门要及时与主要新闻媒体记者沟通交流，提供新闻素材和典型案例。办好环境专业媒体，在新闻报道中体现深度、广度和高度，提高社会影响力。开展新闻业务培训，每年组织环境新闻发言人和记者培训，引导媒体及时、准确、客观报道环境问题。

（3）积极引导新媒体参与环境报道。推动环境专业媒体和新媒体融合发展，环保部门主管的报纸、期刊等应开通官方微博和微信公众号，运用新媒体扩大环境信息传播范围，及时准确传递环境资讯。各级环保部门应开通微博、微信等新媒体互动交流平台，加强与关注环保事业的新媒体和网络代表人士的沟通，建立经常性联系渠道。加强线上互动、线下沟通，正确引导公众舆论，提升环保新媒体专业水平和社会公信力。

（二）加强生态文化建设，努力满足公众对生态环境保护的文化需求

（1）加强生态文化理论研究。组织开展马克思主义环境伦理学、社会学、政治学研究，深入研究和阐释生态文明主流价值观的内涵和外延，挖掘中华传统文化中的生态文化资源，总结中国环境保护实践历程，努力建设中国特色的生态文化理论体系。

（2）扶持生态文化作品创作。加强对生态文化作品创作的支持力度，鼓励文化艺术界人士深入了解生态文明建设和环境保护的实践活动，积极参与生态文化作品创作，推出一批反映环境保护、倡导生态文明的优秀作品，繁荣生态文化，满足人民群众对生态文化的精神需求。

（3）加强生态文化公共服务体系建设。充分发挥各类图书馆、博物馆、文化馆等在传播生态文化方面的作用。加强自然保护区、风景管理区等的生态文化设施建设和管理，积极推进中小学环境教育社会实践基地建设，使其成为培育、传播生态文化的重要平台。

（三）加强面向社会的环保宣传工作，形成推动绿色发展的良好风尚

（1）做好不同人群的培训工作。抓好党政领导干部的培训，宣传好环境保护"党政同责""终身追责"等重要内容，树立科学的发展观和正确的政绩观，提高"关键少数"保护环境的责任意识；抓好企业负责人的培训，做好环境法制宣传，每年开展百人以上"企业环境责任"培训，促使企业履行社会责任，提高排污企业的守法意识；抓好公众的培训，加大科普力度，围绕公众关心的环保热点话题，通过线上线下传播途径，每年组织全民大讨论，面

向妇女、青少年组织开展科普宣讲培训；围绕公众关心的热点环境问题，面向环保社会组织每年举办专题研讨班。

（2）提高环保宣传品的艺术感染力。围绕环保中心任务和重点工作，结合重点环境纪念日主题，紧扣人民群众广为关注的雾霾、核电、化工、垃圾、辐射、水污染、土壤污染等热点、焦点问题，每年组织编写群众喜闻乐见的宣传材料，策划制作宣传挂图、宣传短片、公益广告、动漫和微电影，不断提升各类环保宣传品的质量，增强艺术性，扩大覆盖面，提高影响力。

（3）打造环保公益活动品牌。充分发挥环境日、世界地球日、国际生物多样性日等重大环保纪念日独特的平台作用，精心策划，组织全国联动的大型宣传活动，形成宣传冲击力。深入推进环保进企业、进社区、进乡村、进学校、进家庭活动，每年组织具有较大社会影响力的宣传活动，培育绿色生活方式。进一步贴近实际、贴近生活、贴近群众，努力打造一批环保公益活动品牌。把"绿色中国年度人物""中华环境奖""中国生态文明奖"评选表彰做大做强。

（四）推进学校环境教育，培育青少年生态意识

（1）培育中小学生保护生态环境的意识。总结各地各部门环境教育立法实践，支持推动地方性环境教育法规的立法工作。适时修订《中小学环境教育专题教育大纲》和《中小学环境教育实施指南（试行）》。中小学相关课程中加强环境教育内容要求，促进环境保护和生态文明知识进课堂、进教材。加强环境教育师资培训，编写环境教育丛书。积极发挥全国中小学环境教育社会实践基地的作用，组织开展环境教育课外实践活动。

（2）提高高校环境课程教学水平。加强高等院校环境类学科专业建设，根据学校特点有针对性地培养研究型、应用型人才。加强环境类专业实践环节和教材开发力度。鼓励高校开设环境保护选修课，建设或选用环境保护在线开放课程。积极支持大学生开展环保社会实践活动。

（3）培养环保职业专业人才。发挥环保职业教育教学指导委员会的作用，加强对环保职业教育人才需求预测、专业设置、教材建设、师资队伍、校企合作等方面的指导，培养更多更好的环境保护专业人才。推行全国统一的国家环保职业资格证书制度，健全环保技术技能人才评价体系，完善环保职业岗位规范，全面提高环保职业从业者专业水平。

（五）积极促进公众参与，壮大环保社会力量

（1）保障公众环境保护知情权。规范环境信息公开。提升环境信息和数据通俗性和便民度，帮助公众及时获取政府发布的环境质量状况、重要政策措施、企事业单位的环境信息、企业环境风险及相关应急预案信息、突发环境事件信息等。加强环境信息库建设。推进企业发布环境社会责任报告。

（2）拓宽公众参与渠道。完善公众参与的制度程序，引导公众依法、有序地参与环境立法、环境决策、环境执法、环境守法和环境宣传教育等环境保护公共事务，搭建公众参与环境决策的平台。建立环境决策民意调查制度。开展公众开放日活动。制定和实施重大项目环境保护公众参与计划，在建设项目立项、实施、后评价等环节，有序提高公众参与程度。

（3）发挥环保社会组织和志愿者积极作用。加强环保社会组织、环保志愿者的能力培训和交流平台建设。支持环保志愿者参与环保公益活动，引导培育环保社会组织专业化成长，鼓励符合条件的环保社会组织依法对污染环境、破坏生态等损害社会公共利益的行为开展公益诉讼。鼓励开展向环保社会组织购买服务。

四、保障措施

（一）加强组织领导

成立《全国环境宣传教育工作纲要（2016—2020年）》实施工作领导小组，对全国的环境宣传教育工作进行指导。各级环保部门要统筹谋划，定期研究分析环境宣传教育工作面临的形势和任务，加强工作指导和检查。宣传、教育、文明办等部门，工会、共青团、妇联等社会团体要发挥各自优势，共同形成环境宣传教育工作大格局，充分发挥宣传教育促进生态文明建设和环境保护的引导、支撑和保障作用。

（二）加强能力建设

成立环境宣传教育工作专家委员会，为环境宣传教育工作提供智力支持。定期开展培训和交流，提高宣传教育干部的业务水平和工作能力。加强国际合作，拓宽视野，借鉴国际社会的有益经验和做法。研究环境宣传教育工作的规律和特点，总结实践经验，推进规范化建设。加大资金投入力度，为环境宣传教育工作提供经费保障。

（三）加强考核激励

依法开展环境宣传教育工作，不断完善环境宣传教育工作评价考核机制，督促各级人民政府和有关部门履行环境宣传教育工作的法律责任。适时通报各地区、各部门开展环境宣传教育情况。对环境宣传教育工作作出突出贡献的单位和人员予以表彰。

第二章

环境科学理论

教学基本要求

掌握环境的概念,认识环境问题,理解环境科学与环境教育的关系。

教学内容

1. 环境的定义、组成与结构;
2. 环境问题的基本概念、产生和发展及全球环境问题;
3. 环境科学的定义、研究对象、目的和任务、研究内容和特点、形成与发展。

第一节　环境的基本概念

➤ 一、环境的定义

环境的概念是相对的。环境总是相对于中心事物而言的,或者说是相对于主体而言的客体。中心事物周围的(非中心)事物就是环境。

环境科学中的中心事物是人(人类社会)。人类的外部世界,人类周围的一切事物(一般考虑与人类的生存关系最密切的事物)即是环境。中心事物与非中心事物,或者主体与客体构成一个系统。以人类社会为主体的外部世界的总体就是环境。

环境与其主体(人类社会)相互依存,它的内容因主体不同而不同,随主体的变化而变化。中心事物与环境之间通过物质、能量和信息相互联系。

1982 年联合国环境规划署指出,环境的概念除了应包含环境要素之外,还应包含环境要素之间的相互作用关系。

环境的内涵如图 2-1 所示。

《中华人民共和国环境保护法》规定:"本法所称环境,是指影响人类生存和发展的各种天然的和经过人工改造的自然因素的总体,包括大气、水、海洋、土地、矿藏、森林、草原、湿地、野生生物、自然遗迹、人文遗迹、自然保护区、风景名胜区、城市和乡村等。"显然,这个概念没有包含环境的全部内容,只是提出了与人类关系最密切的环境对象。

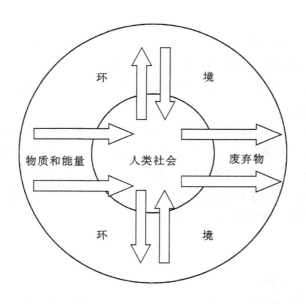

图 2-1 环境的内涵

➢二、环境分类

依据不同的标准,环境有多种分类方法,具体如下:

(1)按环境功能分为生活环境和生态环境。

(2)按环境范围的大小分为居室环境、街区环境、城市环境、区域环境(如行政区环境等)、全球环境等。

(3)按环境要素的不同分为大气环境、水环境(包括海洋环境、湖泊环境)、土壤环境、生物环境(如森林环境、草原环境)、地质环境等。

(4)按环境要素的属性分为自然环境和人工环境两类。

(5)依据环境的空间尺度大小将环境划分为居室环境、聚落环境、城市环境、区域环境、全球环境、宇宙环境。

➢三、环境要素与环境质量

(一)环境要素

环境要素,又称环境基质,是指构成人类环境整体的各个独立的、性质不同的而又服从整体演化规律的基本物质组分,包括自然环境要素和人工环境要素。自然环境要素通常指水、大气、生物、阳光、岩石、土壤等。人工环境要素包括综合生产力、技术进步、人工产品和能量、政治体制、社会行为、宗教信仰等。

环境要素组成环境结构单元,环境结构单元又组成环境整体或环境系统。例如,由水组成水体,全部水体总称为水圈;由大气组成大气层,整个大气层总称为大气圈;由生物体组成生物群落,全部生物群落构成生物圈。

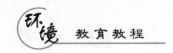

(二)环境质量

所谓环境质量,一般是指在一个具体的环境内,环境的总体或环境的某些要素对人群的生存和繁衍以及经济发展的适宜程度,是反映人群的具体要求而形成的对环境评定的一种概念。在20世纪60年代,由于环境问题日趋严重,人们常用环境质量的好坏来表示环境遭受污染的程度。

显然,环境质量是对环境状况的一种描述,这种状况的形成,有来自自然的原因,也有来自人为的原因,而且从某种意义上说,后者更为重要。人为原因是指:污染可以改变环境质量;资源利用的合理与否,同样可以改变环境质量;此外,人群的文化状态也影响着环境质量。因此,环境质量除了所谓的大气环境质量、水环境质量、土壤环境质量、城市环境质量之外,还有生产环境质量、文化环境质量等。

四、环境的功能

(一)整体性和区域性

整体性是指各要素构成的环境是一个完整的系统,区域性是指不同区域的环境有不同的整体特性。整体性和区域性是同一环境特性在两个侧面上的表现。

环境的整体性指的是环境的各个组成部分或要素构成了一个完整的系统,故又称系统性,就是说,在不同的空间中,大气、水体、土壤、植物乃至人工生态系统等环境的组成部分之间有着确定的数量、空间位置的排布与相互间的作用关系,即环境的各组成部分之间以特定的方式联系在一起,形成了特定的结构。通过稳定的物质、能量流动网络以及彼此关联的变化规律,该结构在不同的时刻呈现出不同的状态。整体性是环境的最基本特性,整体虽由部分组成,但整体的功能却不是各组成部分的功能之和,而是由各部分之间通过一定的联系方式所形成的结构以及所呈现出的状态决定的。比如,一般来说,气、水、土、生物和阳光是构成环境的五个主要部分,作为独立的环境要素,它们对人类社会的生存发展各有自己独特的作用,这些作用功能不会因时空的不同而不同,但是,由这五部分所构成的某个具体环境的特性,则会因这五部分间的结构方式、组织程度、物质能量流动的规模与途径的不同而不同。比如:城市环境和农村环境,水网地区的环境与干旱地区的环境,海滨地区的环境和内陆地区的环境等,就分别有不同的整体特性与功能。

环境的区域性指的是环境(整体)特性的区域差异,具体说来就是不同(面积大小的不同、地理位置的不同)区域的环境有不同的整体特性,因此,它与环境的整体性是同一环境特性在两个不同侧面上的表现。环境的整体性与区域性使人类在不同的环境中采用了不同的生存方式和发展模式,并进而形成了不同的文化。

(二)变动性和稳定性

环境的变动性是指在自然和人类社会行为的共同作用下,环境的内部结构和外在状态始终处于不断变化之中。这一点是不难理解和被接受的,目前的地球环境与原始地球环境有很大差别,事实上,人类社会的发展史就是人类与自然界不断相互作用的历史,也就是环境的结构和状态不断变化的历史。

与变动性相对应的是环境的稳定性。所谓稳定性是指环境具有一定的自我调节能力的特性,即在人类社会行为作用下,环境结构与环境状态所发生的变化不超过一定的限度时,环境可以借助于自身的调解能力使这些变化逐渐消失,结构和状态得以恢复。

变动性与稳定性是共生的,变动是绝对的,稳定是相对的,前述的"限度"是决定能否稳定的条件。环境的这一特征表明:人类社会的行为会影响环境的变化,因此人类社会必须自觉地调控自己的行为,使之与环境自身的变化规律相适应、相协调,以求得环境向着更有利于人类社会生存和发展的方向变化。

(三)资源性和价值性

环境的资源性表现在物质性与非物质性两方面,其物质性(如空气、水、动植物、森林、草原、矿产资源等)是人类生存发展不可缺少的物质基础和能量基础;但是除物质性部分以外,环境资源还包括非物质性的部分,如环境容量、环境状态等。环境状态是一种资源,不同的环境状态,对人类社会的生存发展提供不同的条件。这里所说的不同,既有所处方位上的不同,也有范围大小上的不同,如:同样是滨海地区,有的环境状况有利于发展港口码头,有的则有利于发展滩涂养殖;同样是内陆地区,有的环境状况有利于发展旅游,有的则有利于发展重工业,有的环境状况有利于发展城市,有的则有利于发展疗养地等。

总之,环境状态将影响人类生存方式和发展方向的选择,并对人类社会发展提供不同的条件,因此,它是一种资源,是一种非物质性资源。人类之所以如此重视环境,其根本原因在于人类越来越深刻地认识到环境是人类生产生活的保证,甚至可以说,没有环境就没有人类的生存,更谈不上人类社会的发展,即环境和人类社会生存和发展之间客观地存在着一种特定的关系,从该意义上说,环境具有不可估量的价值。环境的价值性源于环境的资源性,是由其生态价值和存在价值组成的。

第二节　环境问题

➤一、环境问题概述

所谓环境问题,是指作为中心事物的人类与作为周围事物的环境之间的矛盾。一方面,人类生活在环境之中,其生产和生活不可避免地对环境产生影响。这些影响有些是积极的,对环境起着改善和美化的作用;有些是消极的,对环境起着退化和破坏的作用。另一方面,自然环境也从某些方面(例如严酷的自然灾害)限制和破坏人类的生产和生活。上述人类与环境之间相互的消极影响就构成环境问题。

环境问题,就其范围大小而论,可从广义和狭义两个方面理解。从广义理解,就是由自然力或人力引起生态平衡破坏,最后直接或间接影响人类的生存和发展的一切客观存在的问题。只是由于人类的生产和生活活动,自然生态系统失去平衡,反过来影响人类生存和发展的一切问题,就是从狭义上理解的环境问题。

➤二、环境问题分类

环境问题分类的方法有很多,按发生的机制进行分类,主要有环境破坏和环境污染与干扰两种类型。

(一)环境破坏

环境破坏又称生态破坏,主要指人类的社会活动产生的有关环境效应,它们导致了环境结构与功能的变化,对人类的生存与发展产生了不利影响。环境破坏主要是由于人类活动违背了自然生态规律,急功近利,盲目开发自然资源而引起的。其表现形式多种多样,按对象性质可分为两类:一类是生物环境破坏,如因过度砍伐引起的森林覆盖率锐减,因过度放牧引起草原退化,因滥肆捕杀引起许多动物物种濒临灭绝等;另一类是非生物环境破坏,如盲目占地造成耕地面积减少,因毁林开荒造成水土流失和沙漠化,因地下水过度开采造成地下水漏斗、地面下沉,因其他不合理开发利用造成地质结构破坏、地貌景观破坏等。人类对环境的破坏已有近300万年的历史。据科学研究证明,200万年来许多动物的灭绝是人类捕猎带来的。这种环境破坏的历史虽然漫长,但因其进展缓慢而不易察觉。在近代,由于科学技术的迅速发展、人口急剧增加等原因,地球环境遭受人为破坏的规模与速度越来越大,后果也越来越严重。再加上环境破坏恢复起来也需要较长时间,且相当困难,甚至很难恢复。例如森林生态系统的恢复需要上百年的时间,而土壤的恢复则需要上千年、上万年甚至更长的时间,物种的灭绝则是根本不能恢复的。环境破坏导致一些国家和地区经济衰落甚至崩溃,如中国的黄河流域,曾是人类文明的发祥地,由于大规模的毁林垦荒,且不注意培育林木,造成严重的水土流失,以致良田美地逐渐沦为贫瘠瘠土。

(二)环境污染与干扰

由于人类的活动,特别是工业的发展,工业生产排出的废物和余能进入环境,便带来了环境的污染和干扰。

1.环境污染

有害物质或因子进入环境,并在环境中扩散、迁移、转化,使环境系统的结构与功能发生变化,对人类或其他生物的正常生存和发展产生不利影响的现象,即是环境污染,简称"污染"。其中引起环境污染的物质或因子称环境污染物,简称污染物。它们可以是人类活动的结果,也可以是自然活动的结果,或是人类活动和自然活动共同作用的结果。在通常情况下,环境污染主要是指人类活动导致环境质量下降。在实际工作中,判断环境是否被污染或被污染的程度,是以环境质量标准为尺度的。环境污染类型的划分也因目的、角度不同而不同,如:按污染物性质可分为生物污染、化学污染和物理污染;按环境要素可分为大气污染、水污染、土壤污染、放射性污染等;其他还可以按污染产生的原因、按污染范围等进行不同的分类。环境污染作为人类面临的环境问题的一个重要方面,总与人类的生产及生活活动密切相关。在相当长的时间内,因其范围小、程度轻、危害不明显,未能引起人们足够的重视。20世纪50年代后,由于工

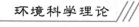

业迅速发展,重大污染事件不断出现,环境污染才逐渐引起人们普遍关注。

2.环境干扰

人类活动所排出的能量进入环境,达到一定的程度后,产生对人类不良影响的现象,就是环境干扰。环境干扰包括噪声、振动、电磁波干扰、热干扰等。常见的有电视塔和其他电磁波通信设备所产生的微波和其他电磁辐射,原子能和放射性同位素应用机构所排出的放射性废弃物的辐射、振动、噪声、废热,汽车、火车、飞机、拖拉机等各种交通运输工具以及各种施工场所产生的噪声,等等。环境干扰是由能量产生的,是物理问题。环境干扰一般是局部性的、区域性的,在环境中不会有残余物质存在,当干扰源停止作用后,干扰也就立即消失。因此环境干扰的治理很快,只要停止排出能量,干扰就会立即消失。

➢三、环境问题的产生和发展

环境的变化,包括环境要素的物理化学性质或环境结构发生不利于人类和生物的变化,并对人类的生存产生不利的影响,于是产生了环境问题。人类的产生和发展一直与环境变化带来的环境问题有关。往往老的环境问题解决了,新的环境问题又产生了。

早在300万年前的第三纪,地球气候炎热湿润,热带亚热带森林广布,古猿生活在其中,过着无忧无虑的生活,进化速度也很慢。在大约距今300万年时,地球进入第四纪冰期,气候寒冷,森林面积大大缩小,古猿的生存受到严重威胁,因不适应而大批死亡,但少量的古猿改变了自己的生活习惯,学会制造和利用工具,改造环境,战胜寒冷和饥饿,于是人类产生了。在这一大变革时期的环境问题是气候危机,属于原生环境问题,人类就是在克服气候危机的过程中诞生的。

古人类在漫长的发展过程中,绝大部分时间过着采集植物果实、种子、根、茎、叶和捕鱼打猎生活。由于人类当时不会打井,不能远离水源,因此,可供采集和渔猎的生物资源十分有限,往往因采集和渔猎过度引起生物资源枯竭,于是产生了食物危机,这是人类活动直接影响产生的环境问题。食物危机迫使古人类迁移,而迁移的结果又往往使新的地区生物资源枯竭。食物危机又迫使古人类再次改变自己的生活方式和生产方式,距今大约8000年前,人类学会了农耕和畜牧,人类社会发展到了一个新的阶段,即由原始社会进入了农业社会。

在农业社会中,人类食物有了稳定的来源,这一时期可看作人类征服自然、改造自然的开始,人类在这一过程中创造了文化,发展了生产,改善了生活条件,社会文明程度有了很大提高,先后产生了若干伟大的古代文明,例如古埃及、古巴比伦、古希腊、古印度、古中国文明等。这些古文明中心都创造了自己的灿烂文化,但与此同时也逐渐产生了新的环境问题。由于扩大耕地等原因,破坏了植被,森林被砍伐,草原被开垦,由此引发了水土流失、沙漠化,不合理的灌溉又带来了盐渍化。这些都破坏了土地资源,进而破坏了农业社会的经济基础,因此,一些古文明衰落了,或被迫迁移至其他地区。同时也产生了另一环境问题——土地危机,土地危机至今仍然困扰着人类社会。

到了工业社会,"三废"排入环境,积累到一定程度后,由于自然环境对它们已不能降

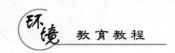

解或彻底降解,造成环境污染。到了 20 世纪,由于近代社会经济的高度发展,环境污染和衰退更加严重,使人类的生存和发展受到更大的威胁。

环境问题的产生,从根本上讲是经济、社会发展的伴生产物。具体可概括为以下几个方面:①由于人口增加对环境造成的巨大压力;②伴随人类的生产、生活活动产生的环境污染;③人类在开发建设活动中造成的生态破坏的不良变化;④由于人类的社会活动,如军事活动、旅游活动等,造成人文遗址环境的破坏,风景名胜区、自然保护区的破坏,珍稀物种的灭绝以及海洋等自然和社会环境的破坏与污染。

环境问题多种多样,归纳起来有两大类:一类是自然演变和自然灾害引起的原生环境问题,也叫第一环境问题。如地震、洪涝、干旱、台风、崩塌、滑坡、泥石流等。一类是人类活动引起的次生环境问题,也叫第二环境问题。次生环境问题一般又分为环境污染和生态破坏两大类。如乱砍滥伐引起的森林植被的破坏、过度放牧引起的草原退化、大面积开垦草原引起的沙漠化和土地沙化、工业生产造成大气和水环境恶化等。

➤ 四、全球环境问题

到目前为止,已经威胁人类生存并已被人类认识到的环境问题主要有全球变暖、臭氧层破坏、酸雨、淡水资源危机、能源短缺、森林资源锐减、土地荒漠化、物种加速灭绝、垃圾成灾、有毒化学品污染等。

(一)全球变暖

全球变暖是指全球气温升高。近 100 多年来,全球平均气温经历了冷—暖—冷—暖两次波动,总体上看为上升趋势。进入 20 世纪 80 年代后,全球气温明显上升,如 1981—1990 年全球平均气温比 100 年前上升了 0.48℃。导致全球变暖的主要原因是人类在近一个世纪以来大量使用矿物燃料(如煤、石油等),排放出大量的 CO_2 等多种温室气体,这些温室气体对来自太阳辐射的短波具有高度的透过性,而对地球反射出来的长波辐射具有高度的吸收性,也就是常说的"温室效应",导致全球气候变暖。全球变暖会使全球降水量重新分配,冰川和冻土消融,造成海平面上升等,既危害自然生态系统的平衡,更威胁人类的生存环境。

(二)臭氧层破坏

在地球大气层近地面约 20～30 公里的平流层里存在着一个臭氧层,其中臭氧含量占这一高度气体总量的十万分之一。臭氧含量虽然极微,却具有吸收紫外线的功能,因此,它能挡住太阳紫外线辐射对地球生物的伤害,保护地球上的生命。然而人类生产和生活所排放出的一些污染物,如冰箱空调等设备制冷剂的氟氯烃类化合物以及其他用途的氟溴烃类等化合物,它们受到紫外线的照射后可被激化,形成活性很强的原子与臭氧层的臭氧(O_3)产生反应,使臭氧(O_3)变成氧分子(O_2),这种作用连锁般地发生,使臭氧含量迅速减少,使臭氧层遭到破坏。南极的臭氧层空洞,就是臭氧层破坏的一个最显著的标志。南极上空的臭氧层是在 20 亿年里形成的,可是在一个世纪里就被破坏了 60%。另外,北半球上空的臭氧层也比以往任何时候都薄,欧洲和北美上空的

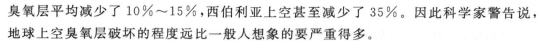

臭氧层平均减少了 10％～15％，西伯利亚上空甚至减少了 35％。因此科学家警告说，地球上空臭氧层破坏的程度远比一般人想象的要严重得多。

（三）酸雨

酸雨是由于空气中二氧化硫（SO_2）和氮氧化物（NOx）等酸性污染物引起的 pH 值小于 5.6 的酸性降水。受酸雨危害的地区，出现了土壤和湖泊酸化现象，植被和生态系统遭受破坏，建筑材料、金属结构和文物被腐蚀等一系列严重的环境问题。酸雨在 20 世纪五六十年代最早出现于北欧及中欧，当时北欧的酸雨是欧洲中部工业酸性废气迁移所至。20 世纪 70 年代以来，许多工业化国家采取各种措施防治城市和工业的大气污染，其中一个重要的措施是增加烟囱的高度，这一措施虽然有效地改变了排放地区的大气环境质量，但大气污染物远距离迁移的问题却更加严重，污染物越过国界进入邻国，甚至飘浮很远的距离，形成了更广泛的跨国酸雨。此外，全世界使用矿物燃料的量有增无减，也使得受酸雨危害的地区进一步扩大。全球受酸雨危害严重的有欧洲、北美及东亚地区。20 世纪 80 年代，我国酸雨主要发生在西南地区，到 20 世纪 90 年代中期，已发展到长江以南、青藏高原以东及四川盆地的广大地区，酸雨危害的范围呈扩大的趋势。

（四）淡水资源危机

地球表面虽然 2/3 被水覆盖，但是 97％为无法饮用的海水，只有不到 3％是淡水，其中又有 2％封存于极地冰川之中。在仅有的 1％淡水中，其 25％为工业用水，70％为农业用水，只有很少的一部分可供饮用和其他生活用途。然而，在这样一个缺水的世界里，水却被大量滥用、浪费和污染。加之水资源的区域分布不均匀，致使世界上缺水现象十分普遍，全球淡水危机日趋严重。世界上 100 多个国家和地区缺水，其中 28 个国家和地区被列为严重缺水的国家和地区。预测再过 20～30 年，严重缺水的国家和地区将达 46～52 个，缺水人口将达 28 亿～33 亿人。我国北方和沿海地区水资源严重不足，据统计我国北方缺水区总面积达 58 万平方公里。全国 500 多座城市中，有 300 多座城市缺水，每年缺水量达 58 亿立方米，这些缺水城市主要集中在华北、沿海地区和省会城市、工业型城市。世界上任何一种生物都离不开水，人们贴切地把水比喻为"生命的源泉"。然而，随着地球上人口的激增，生产迅速发展，水已经变得比以往任何时候都要珍贵。一些河流和湖泊的枯竭，地下水的耗尽和湿地的消失，不仅给人类生存带来严重威胁，而且许多生物也正随着人类生产和生活造成的河流改道、湿地干化和生态环境恶化而灭绝。不少大河如中国的黄河都已出现断流现象，昔日"奔流到海不复回"的壮丽景象已成为历史的记忆了。

（五）资源、能源短缺

当前，世界上资源和能源短缺问题已经在大多数国家甚至全球范围内出现。这种现象的出现，主要是人类无计划、不合理地大规模开采所致。据相关资料统计，预计到 2020 年，中国能源消费总量大约将达到 38 亿吨标准煤。从石油、煤、水利和核能发展的情况来看，要满足这种需求量是十分困难的。因此，在新能源（如太阳能、快中子反应堆电站、核聚变电站等）开发利用尚未取得较大突破之前，世界能源供应将日趋紧张。此外，其他不可再生性矿产资源的储量也在日益减少，这些资源终究会被消耗殆尽。

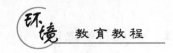

(六)森林锐减

森林是人类赖以生存的生态系统中的一个重要的组成部分。地球上曾经有76亿公顷的森林,到20世纪初下降为55亿公顷,到1976年已经减少到28亿公顷,森林面积正在锐减。世界人口的增长,对耕地、牧场、木材的需求量日益增加,导致对森林的过度采伐和开垦,使森林受到前所未有的破坏。据统计,全世界每年约有1200万公顷的森林消失,其中占绝大多数是对全球生态平衡至关重要的热带雨林。对热带雨林的破坏主要发生在热带地区的发展中国家,尤以巴西的亚马孙情况最为严重。亚马孙森林居世界热带雨林之首,但是,到20世纪90年代初期这一地区的森林覆盖率比原来减少了11%,相当于70万平方公里,平均每5秒钟就有差不多一个足球场大小的森林消失。此外,在亚太地区、非洲的热带雨林也在遭到破坏。

(七)土地荒漠化

简单地说,土地荒漠化就是指土地退化。1992年联合国环境与发展大会对荒漠化的概念作了这样的定义:荒漠化是由于气候变化和人类不合理的经济活动等因素,使干旱、半干旱和具有干旱灾害的半湿润地区的土地发生了退化。1996年6月17日第二个世界防治荒漠化和干旱日,联合国防治荒漠化公约秘书处发表公报指出:当前世界荒漠化现象仍在加剧。全球现有12亿多人受到荒漠化的直接威胁,其中有1.35亿人在短期内有失去土地的危险。荒漠化已经不再是一个单纯的生态环境问题,而且演变为经济问题和社会问题,它给人类带来贫困和社会不稳定。据联合国环境规划署(UNEP)统计,全球已经受到和预计会受到荒漠化影响的地区占全球土地面积的35%。全世界受荒漠化影响的国家有100多个,尽管各国人民都在进行着同荒漠化的抗争,但荒漠化却以每年5万~7万平方公里的速度扩大,相当于爱尔兰的国土面积。在人类当今诸多的环境问题中,荒漠化是最为严重的灾难之一。对于受荒漠化威胁的人们来说,荒漠化意味着他们将失去最基本的生存基础——有生产能力的土地。

(八)物种加速灭绝

物种就是指生物种类。现今地球上生存着500万~1000万种生物。一般来说,物种灭绝速度与物种生成的速度应是平衡的。但是,人类活动破坏了这种平衡,使物种灭绝速度加快。据《世界自然资源保护大纲》估计,每年有数千种动植物灭绝,而且灭绝速度越来越快。世界野生生物基金会发出警告:20世纪鸟类每年灭绝一种,在热带雨林,每天至少灭绝一个物种。物种灭绝将对整个地球的食物供给带来威胁,对人类社会发展带来的损失和影响是难以预料和挽回的。

(九)垃圾成灾

全球每年产生垃圾近100亿吨,而且处理垃圾的能力远远赶不上垃圾增加的速度,特别是一些发达国家,已处于垃圾危机之中。美国的生活垃圾主要靠表土掩埋,过去几十年内,美国已经使用了一半以上可填埋垃圾的土地,30年后,剩余的可填埋垃圾的土地也将全部用完。我国的垃圾排放量也相当大,在许多城市周围,排满了一座座垃圾山,除了占用大量土地外,这些垃圾还污染环境。危险垃圾,特别是有毒、有害垃圾的处理问题(包括

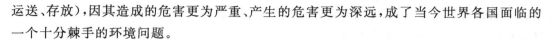

运送、存放),因其造成的危害更为严重、产生的危害更为深远,成了当今世界各国面临的一个十分棘手的环境问题。

（十）有毒化学品污染

据统计,市场上约有 7 万～8 万种化学品,对人体健康和生态环境有危害的约有 3.5 万种,其中有致癌、致畸、致突变作用的约 500 余种。随着工农业生产的发展,如今每年又有 1000～2000 种新的化学品投入市场。由于化学品的广泛使用,全球的大气、水体、土壤乃至生物都受到了不同程度的污染、毒害,连南极的企鹅也未能幸免。自 20 世纪 50 年代以来,涉及有毒有害化学品的污染事件日益增多,如果不采取有效防治措施,将对人类和动植物造成严重的危害。

第三节　环境科学

➤一、环境科学研究的对象、内容和特点

（一）环境科学的研究对象

在人类和自然环境长期的发展过程中,随着社会生产力的发展、生产方式的演变和工艺技术的提高,人类面临的环境问题越来越严重,人类与环境之间的矛盾越来越显著,使得人们对自然现象和规律的认识日益深化,环境科学正是在这样一个发展过程中,在人们急待解决环境问题的社会需要下,迅速发展起来的,从零星的且不系统的环境保护和研究工作汇集成一门独立的、内容丰富的、领域广泛的新兴学科,也是一门介于自然科学、社会科学和技术科学之间的边缘学科。环境科学形成的时间虽然很短,只有几十年,但随着环境保护实际工作的迅速扩展和环境科学理论的深入,其概念和内涵日益丰富和完善。根据相关组织和学者的研究,环境科学可定义为:环境科学是一门研究人类社会发展活动与环境(结构和状态)演化规律之间相互作用关系,寻求人类社会与环境协同演化、持续发展的途径与方法的科学。

环境科学的研究对象是"人类和环境"这对矛盾之间的关系,其目的是要通过调整人类的社会行为,保护、发展和建设环境,从而使环境永远为人类社会持续、协调、稳定的发展提供良好的支持和保证。

人生活于环境之中,人类的一切活动无不受环境的影响,因此,环境问题涉及各行各业,关系到人的生活、工作和健康。这也决定了环境科学的内容是丰富多彩的,涉及自然科学、社会科学、工程技术的诸多领域。"人类与环境"这一矛盾在更广泛的范围内,以它的特殊性把环境科学与其他科学区分开来,又以富于其中的普遍性而把环境科学同相邻科学联系起来,使环境科学成为一门独立而非孤立的科学。

（二）环境科学的研究内容和特点

环境科学研究的主要内容包括四个方面:①人类社会经济行为引起的环境污染和生态破坏;②环境系统在人类活动影响下的变化规律;③当前环境(结构与状态)恶化的程度

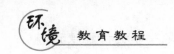

及其与人类社会经济活动的关系；④寻求人类社会经济与环境协调持续发展的途径和方法，以争取人类社会和自然界的和谐。

从环境科学的研究对象和研究内容来看，它有两个明显的特点，即整体性和综合性。

（1）整体性。

人类环境是一个整体，环境中的各种因素相互依存，相互影响，因此，环境遭到污染和破坏，常常不是一个因素，而是多种因素发生变化且互相影响的综合结果。所以，对环境整体进行研究是环境科学的主要特点。20 世纪 50 年代环境污染问题出现以后，一般认为这是个技术问题，以为分别采取大气污染、水质污染的治理措施就可以解决，但实际收效并不大。例如，我国为解决城市大气污染问题，曾采取改造锅炉的办法，花了很多资金，虽然取得了一定的效果，节约了煤炭，减少了烟尘排放，但城市大气污染的状况并没有得到有效控制。经过长时期的实践，发现解决城市大气污染问题必须与城市区域供热、锅炉改造、居住区布局、植树造林等统一起来，从整体性上解决城市大气污染问题。目前，从世界各国来看，环境问题的整体研究，除了综合分析环境各要素及它们的运动变化、相互联系外，还应侧重于人类活动与环境的相互作用，开展人口、资源、环境与发展之间的整体研究。

（2）综合性。

环境是一个有机的整体，涉及的面非常广泛，几乎关系到每一个自然因素和众多的社会因素，因此，解决某一环境问题，都必须组织多学科进行综合研究。环境科学研究领域已从 20 世纪 60 年代侧重于自然科学和工程技术，跨越到社会学、经济学、法学等多门社会科学，综合性日趋明显。环境问题的研究，基本上可以分为两大类。一类是研究社会经济活动排放的污染物进入环境的危害及其对人体健康的影响。要解决这类环境问题，需要各有关部门协同采取措施，才能控制环境污染。另一类是研究社会经济对环境资源的开发引起的水土流失、土壤沙化、森林减少、野生动植物灭绝等一系列自然破坏和生态失调现象，这同样也是一项综合性很强的工作，这既与自然科学、工程技术科学有关，又与社会学、经济学等社会科学密切相关，所以环境科学是一门综合性很强的科学。可见，环境科学是以解决环境问题为开端，以研究环境建设，寻求社会、经济与环境协调发展途径为中心，以争取人类社会与自然界的和谐为目标的一门科学。环境科学的研究内容决定了它是一门融自然科学、社会科学和技术科学于一体的应用性很强的新科学。

➤二、环境科学的形成和发展

随着生产能力的提高、社会组织程度的增强和人类文明的进步，人类与环境逐渐分离，一方面环境为人类提供更好的生存发展的物质条件，另一方面人类又带来日益严重的环境污染和环境破坏问题。因此，环境科学是在环境问题日益严重中产生和发展起来的一门综合性学科，其形成和发展大体可分为以下两阶段：

（一）有关学科分别探索阶段

古代人类在生产生活和与自然斗争中，逐渐积累了防治污染、保护自然的技术和知识,但并未系统化、理论化(主要是经验的积累)。如中国大约在公元前 5000 年,在烧制陶瓷的柴窑中,就已知热烟上升的道理而用烟囱排烟,在公元前 2000 多年就知道用陶土管修建地下排水管道。19 世纪中期以后,随着世界经济社会的发展,环境问题已开始受到社会的重视,地学、生物学、物理学、医学和一些工程技术等学科的学者分别从本学科的角度开始对环境问题进行探索和研究,如德国植物学家 C. N. 弗拉斯在 1847 年出版的《各个时代的气候和植物界》一书中,从全球观点出发论述人类活动对地理环境的影响,特别是对森林、水、土壤和野生动植物的影响,并呼吁开展对它们的保护运动。英国生物学家达尔文在 1859 年出版的《物种的起源》一书中,以无可辩驳的材料论证了生物是进化而来的,生物的进化同环境的变化有很大关系,生物只有适应环境才能生存。1915 年日本学者极胜三郎用实验证明煤焦油可诱发皮肤癌,从此,环境因素的致癌作用成为人们关注的研究课题。在工程技术方面,1850 年人们开始用化学消毒法杀灭饮水中的病菌,防止以水为媒介的传染病流行。1897 年英国建立了污水处理厂。在消烟除尘方面,20 世纪开始采用布袋除尘器和旋风除尘器。这些基础科学和应用科学的发展,为解决环境问题提供了原理和方法。

(二)环境科学出现阶段

20 世纪五六十年代,全球性的环境污染与破坏,引发人类极大的震动和全面反省。1962 年,美国海洋生物学家 R.卡尔森出版了《寂静的春天》一书,通俗地说明了杀虫剂污染造成的严重的生态危害。这是人类全面反省的信号,也是近代环境科学开始产生并发展的标志。当时,许多科学家,包括生物学家、化学家、物理学家、地理学家、医学家、工程学家和社会学家等对环境问题共同进行调查和研究,通过这些研究,逐渐出现了一些新的分支学科,如环境生物学、环境化学、环境地学、环境物理学、环境医学、环境工程学、环境经济学、环境法学、环境管理学等,在这些分支学科的基础上孕育产生了环境科学。最早提出"环境科学"这一名词的是美国学者,当时指的是研究宇宙飞船中人工环境问题。1968 年,国际科学联合会理事会设立了环境问题科学委员会。20 世纪 70 年代出现了以环境科学为书名的综合性专门著作。1972 年,英国经济学家 B.沃德和美国微生物学家 R.杜博斯受联合国人类环境会议秘书长的委托,主编出版了《只有一个地球》一书,作者不仅从整个地球的前途出发,而且也从社会、经济和政治的角度来探讨环境问题,要求人类明智的管理地球。《只有一个地球》也被认为是环境科学的一部绪论性质的著作。不过这个时期有关环境问题的著作,大部分是研究污染或公害问题。到 20 世纪 70 年代下半期,人们逐渐认识到环境问题还应包括自然保护和生态平衡,以及维持人类生存发展的自然资源。随着人们对环境和环境问题的研究和探讨,以及利用和控制技术的发展,环境科学迅速发展起来。许多学者认为,环境科学的出现,是自然科学迅猛发展的一个重要标志。这表现在以下两个方面:

(1)推动了自然科学和社会科学各个学科的发展。如自然科学是研究自然现象及其变化规律的。各种自然现象的变化,除了自然界本身的因素外,人类活动对自然界的影响越来越大,自然界对人类的反作用也日益显示出来。环境问题的出现,使自然科学的许多

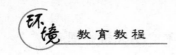

学科把人类活动产生的影响作为一个重要研究内容,从而给这些学科开拓出新的研究领域,推动了它们的发展,同时也促进了学科之间的相互渗透。

(2)推动了科学整体化研究。环境是一个完整的有机的系统,是一个整体。过去,各门自然科学都是从本学科的角度探讨自然环境中各种现象。但是,环境中的各种变化都不是孤立的,而是多种因素的综合变化。比如臭氧层的破坏,大气中二氧化碳含量增高及其影响,土壤中含氮量的不足等,这些问题表面上看来原因各异,但却都是互相联系的。此外,人类的活动,诸如人口增长、资源开发、经济结构变化等都会对环境产生影响。因此,在研究和解决环境问题时,必须全面考虑,实行跨部门、跨学科的合作。环境科学就是在科学整体化过程中,充分运用各种学科知识,对人类活动引起的环境变化、对人类的影响,以及控制途径进行系统的综合研究的学科。

➤ 三、环境科学的分科

环境科学经过短短几十年的发展,其概念与内涵日益丰富和完善,到现阶段,环境科学是主要研究环境结构与状态的运动变化规律及其与人类社会活动之间的关系,研究人类社会与环境之间协同演化、持续发展的规律和具体途径的科学。环境科学的形成与发展过程与传统的自然科学、社会科学、技术科学都有着十分密切的联系。环境科学是一门综合性的新兴学科,已逐步形成各种学科交叉渗透的庞大的学科体系。环境科学目前正处于蓬勃发展的阶段,对环境科学的分科体系还没有成熟一致的看法。不同的学者从不同的角度提出了各种不同的分科方法,现介绍其中较多采纳的两种分科体系。见图2-2、图2-3。

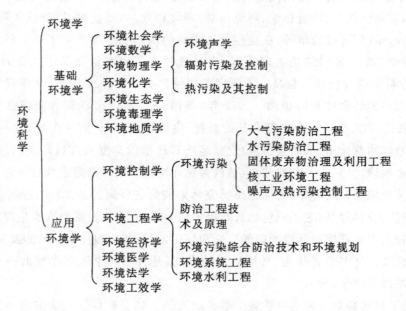

图2-2 何强《环境学导论》

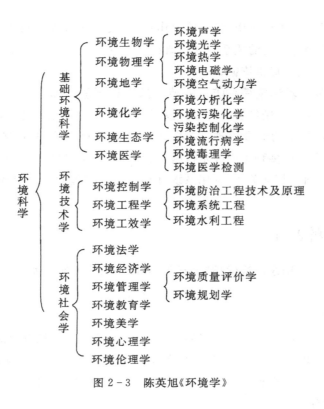

图 2-3　陈英旭《环境学》

> **四、环境科学的主要任务**

(一)探索全球范围内环境演化的规律

环境总是不断演化的,环境变异也随时随地发生。在人类改造自然的过程中,为使环境向有利于人类的方向发展,避免向不利于人类的方向发展,就必须了解环境变化的过程,探索环境演化的基本规律,包括环境的基本特性、环境结构的形式和演化机理等。

(二)揭示人类活动同自然生态之间的关系

环境为人类提供生存条件,其中包括提供发展经济的物质资源。人类通过生产和消费活动,不断影响环境的质量。虽然人类生产和消费系统中物质和能量的迁移、转化过程是异常复杂的,但必须使物质和能量的输入同输出之间保持相对平衡。这个平衡包括两项内容:一是排入环境的废弃物不能超过环境自净能力,以免造成环境污染,损害环境质量。二是从环境中获取的可更新资源不能超过它的再生增殖能力,以保障永续利用;从环境中获取不可更新资源要做到合理开发和利用。因此,社会经济发展规划中必须列入环境保护的内容,有关社会经济发展的决策必须考虑生态学的要求,以求得人类和环境的协调发展。

(三)探索环境变化对人类生存的影响

环境变化是由物理的、化学的、生物的和社会的因素以及它们的相互作用所引起的。因此,必须研究污染物在环境中的物理、化学的变化过程,在生态系统中迁移转化的机理,

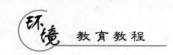

以及进入人体后发生的各种作用,包括致畸作用、致突变作用和致癌作用。同时,必须研究环境退化同物质循环之间的关系。这些研究可为保护人类生存环境、制定各项环境标准、控制污染物的排放量提供依据。

(四)研究区域环境污染综合防治的技术措施和管理措施

工业发达国家防治污染经历了几个阶段:20世纪50年代主要是治理污染源;20世纪60年代转向区域性污染的综合治理;20世纪70年代侧重预防,强调区域规划和合理布局。因此,需要综合运用多种工程技术措施和管理手段,从区域环境的整体出发,调节并控制人类和环境之间的相互关系,利用系统分析和系统工程的方法寻找解决环境问题的最优方案。

阅读材料2—1

国家环境保护"十三五"环境与健康工作规划

环境保护部

二〇一七年二月

为提高国家环境风险防控能力、保障公众健康,有序推进环境与健康工作,根据《中华人民共和国环境保护法》《中共中央国务院关于加快推进生态文明建设的意见》《"健康中国2030"规划纲要》《"十三五"生态环境保护规划》有关精神和要求,编制本规划。

一、面临的形势

"十二五"时期是我国环境与健康工作快速发展的五年。《中华人民共和国环境保护法》和系列环境管理文件中明确提出加强环境与健康工作要求,开启了我国环境与健康管理制度化建设新征程。环境保护部全面推进《国家环境保护"十二五"环境与健康工作规划》实施,明确风险管理是环境与健康工作的核心任务,组织实施系列环境与健康调查、监测工作,为掌握环境污染对人群健康影响和潜在风险奠定良好基础;开展风险评估技术方法和政策研究,为构建国家环境健康风险评估体系进行技术储备;强化专业人才队伍培养,国家和地方环境与健康工作队伍不断壮大;发挥大数据在支撑环境管理科学决策中的作用,初步建成环境与健康信息共享服务系统;加强环境与健康科普宣传,着力提升公民环境与健康素养。

"十三五"时期,我国环境与健康工作仍面临巨大压力。环境与健康问题基础数据缺乏、技术支撑不足问题依然突出,环境与健康管理制度建设、公民环境与健康素养水平与经济社会发展的协调性亟待增强。环境与健康是一个复杂的科学问题,也是一个关注度极高的、敏感的社会问题,事关社会和谐稳定、国家长治久安和民族生存繁衍。全力推进环境与健康工作,把环境健康风险控制在可接受水平,将其作为推动环境保护事业发展的新动力,对于促进健康中国建设、生态文明建设具有重要意义。

二、指导思想、基本原则和规划目标

(一)指导思想

全面贯彻党的十八大和十八届三中、四中、五中、六中全会精神,深入贯彻习近平总书记系列重要讲话精神,牢固树立创新、协调、绿色、开放、共享发展理念,把人民健康放在优先发展的战略地位,落实《中华人民共和国环境保护法》《"健康中国2030"规划纲要》要求,进一步夯实环境与健康工作基础,以制度建设为统领,将保障公众健康纳入环境保护政策,有效控制和减少环境污染对公众健康的损害。

（二）基本原则

（1）预防为主,风险管理。综合运用法律、行政、经济政策和科技等多种手段,对具有高健康风险的环境污染因素进行主动管理,从源头预防、消除或减少环境污染,保障公众健康。

（2）完善制度,夯实基础。逐步建立健全环境与健康管理基本制度,做好与各项环境管理制度的衔接,掌握基本情况、基本数据,狠抓能力建设,不断提高环境与健康工作系统化、科学化、法治化、精细化和信息化水平。

（3）统筹兼顾,多元共治。统筹当前与长远、全面与重点、中央与地方以及跨部门协作等关系,发挥政府主导作用,鼓励和支持社会各方参与,因地制宜、分类施策,切实增强环境与健康工作的实效性。

（三）规划目标

掌握我国重点地区、重点行业主要污染物人群暴露水平和健康影响基本情况,建立环境与健康监测、调查和风险评估制度及标准体系,增强科技支撑能力,创新管理体制机制,提升环境决策水平,壮大工作队伍,推动公众积极参与并支持环境与健康工作。

三、重点任务

（一）推进调查和监测

（1）强化重点地区、重点行业环境与健康调查。结合第二次全国污染源普查、土壤污染状况详查等工作,增加以满足环境健康风险管理需求为目的的调查内容,掌握环境污染问题突出且存在较大健康风险的地区、企业清单。选择若干重点地区,开展环境健康风险源和环境总暴露调查,根据风险源分布、环境介质中主要有毒有害污染物水平、人群主要暴露途径及暴露人群分布特点,提出环境健康风险防控措施。选择重点行业开展调查,筛选基于环境健康风险的行业特征污染物,为制修订环境排放标准、环境质量标准提供科学依据,加强有毒有害污染物源头控制。会同卫生计生部门开展环境与健康影响调查,了解主要环境污染与人群健康状况之间的相关关系,为制定污染防治及健康干预措施提供依据。

（2）探索构建环境健康风险监测网络。结合推进生态环境监测网络建设工作,综合考虑环境管理需要及经济技术可行性,在重点地区环境与健康调查基础上,选择若干典型地区进行试点,探索环境健康风险监测工作机制,研究技术方法体系,针对与健康密切相关的污染物来源及其主要环境影响和人群暴露途径开展监测,持续、系统收集基础信息,为及时、动态评价和预测环境健康风险发展趋势奠定基础。江苏、安徽、山东、河南四省环境保护部门按照《生态环境监测网络建设方案》工作部署,继续将与健康密切相关的污染物纳入淮河流域重点地区环境监测工作。

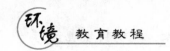

（二）强化技术支撑

（1）建立环境与健康基准、标准体系。完善环境基准理论和技术方法，分阶段、分步骤、有重点地研究发布基于人体健康的水、大气和土壤环境基准。评估污染物对公众健康和生态环境的危害和影响程度，公布有毒有害大气污染物名录，为实行环境风险管理提供依据；评估现有化学物质环境健康风险，公布优先控制化学品名录，对高风险化学品生产、使用进行严格限制，并逐步淘汰替代。制定、发布环境与健康现场调查、暴露评价、风险评价等管理规范类标准，科学指导并规范相关工作开展。编制发布一批环境与健康数据标准，增强数据采集的标准化与系统性。

（2）完善环境与健康信息系统。统筹环境与健康监测、调查、评估、决策、信息发布等业务需求，结合推进生态环境大数据建设工程，拓宽数据获取渠道，整合数据资源，继续建设并完善环境与健康信息综合管理平台。组织开展环境与健康信息资源调查，编制信息资源目录，提高公共服务水平。建立环境与健康信息共享机制，规范信息发布方式。加快环境与健康信息安全管理体系建设，建设异地信息灾备中心，提升数据安全和业务连续性保障能力，确保重要信息系统和基础信息网络安全。

（3）推进环境与健康重点实验室建设。在环境健康基准（水、大气、土壤）、环境污染暴露评价、污染物对人体健康影响及风险评估以及核与辐射安全等领域，组织建设国家环境保护环境与健康重点实验室，开展基础性研究，增强科技创新能力。鼓励有条件的地方建立环境保护环境与健康实验室，支持地方各级环境保护部门开展环境与健康监测、调查及科研工作。

（4）加强环境与健康专业人才队伍建设。在部门培训中增设环境与健康专题并制定业务培训计划，强化对各级领导干部和科研人员的岗位培训。结合国家和环保科技人才选拔机制，着力培养中青年业务骨干。加强与国际组织、各国政府部门、国外权威研究机构的交流与合作，丰富交流与合作的内涵与形式，鼓励与国外一流科研机构建立长期、友好、稳定的学术交流与科研合作关系，为加快培养领军人才和创新团队创造条件。

（三）加大科研力度

（1）强化环境基准和环境质量标准基础理论及技术方法研究。针对我国环境基准和环境质量标准研究中的关键科学问题，结合我国环境特征和管理需要，以保障公众健康为目的，以环境健康风险评估为手段，综合消化吸收国际经验和成熟方法，研究适合我国基本国情和区域特征的环境基准和环境质量标准理论与技术方法学体系，以及新型污染物环境基准推导技术和方法。

（2）开展环境与健康暴露评价、风险评估研究。启动环境污染健康影响跟踪研究，研究京津冀等重点区域主要大气污染物暴露的健康危害。研究大气污染人群精细化暴露测量技术，大气颗粒物室内外渗透系数，污染物多途径、多介质人群暴露贡献率，典型区域的环境健康风险区划及分级技术与方法。研究我国主要污染物、新型污染物及复合污染对健康影响的机理机制，针对环境内分泌干扰物、持久性有机物和重点重金属，研发快速、方便、准确、灵敏、经济的内暴露标志物检测技术。

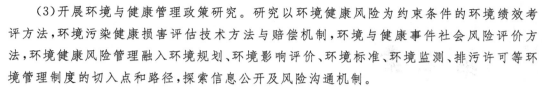

（3）开展环境与健康管理政策研究。研究以环境健康风险为约束条件的环境绩效考评方法，环境污染健康损害评估技术方法与赔偿机制，环境与健康事件社会风险评价方法，环境健康风险管理融入环境规划、环境影响评价、环境标准、环境监测、排污许可等环境管理制度的切入点和路径，探索信息公开及风险沟通机制。

（四）加快制度建设

建立环境与健康监测、调查和风险评估制度。以部门规章形式发布《环境与健康工作办法（试行）》，明确工作目的、职权职责，规范工作程序和运行机制。成立环境与健康专家委员会，以提供咨询、论证、参与风险沟通和宣传教育等方式支持环境保护部门开展环境与健康工作。在环境保护政策制修订过程中，推动增加保障公众健康的条款和措施。鼓励各地各级环境保护部门以解决基层环境与健康管理面临的现实问题为切入点，积极开展环境与健康制度建设试点工作。

（五）加强宣传教育

（1）开展环境与健康素养监测和评估。制定环境与健康素养监测方案，选择代表性地区监测、评估不同人群环境与健康素养现状及其影响因素，确定环境与健康宣教重点对象、重点内容及策略手段，有针对性地开展风险交流。修订《中国公民环境与健康素养（试行）》。

（2）普及环境与健康科学知识。依据《关于进一步加强环境保护科学技术普及工作的意见》《全国环境宣传教育工作纲要（2016—2020年）》《中国公民环境与健康素养（试行）》和《"同呼吸、共奋斗"公民行为准则》，充分利用现有传播技术和资源，进行相关科普读物、视频、教育读本的开发和制作，大力普及环境与健康基本理念、基本知识和基本技能。加强环境与健康舆情监测，了解社会关注热点和焦点问题，及时回应公众关切的问题，加强科普宣传，营造科学理性的社会氛围。

四、保障措施

（一）加强组织领导

将做好环境与健康工作纳入生态文明建设和健康中国建设的重要议事日程。环境保护部依据《国家环境与健康工作领导小组协调工作机制》要求，加强对环境与健康工作的领导及部门间协作。各地环境保护部门要参照《国家环境与健康工作领导小组协调工作机制》，积极主动建立与卫生计生等相关部门间的协调工作机制，共同防范环境与健康问题。

（二）推动试点示范

坚持政府引导、加强政策协同、强化能力建设，推动各地结合实际，谋划并储备一批环境与健康项目，坚持试点先行，重点突破，努力探索形成可复制、可推广的经验。

（三）加大资金投入

建立健全以政府投入为主、多渠道筹措资金的机制。将环境与健康工作作为政府基本公共服务的组成部分，将所需经费列入财政预算，加强资金的统筹管理与监督，提高资金使用效益。

第三章

自然环境

 教学基本要求

通过本章学习理解并掌握环境大气、水、土壤、固体废物环境问题。重点掌握污染源的类型、特点。

教学内容

1. 大气环境；

2. 水体环境；

3. 土壤环境；

4. 固体废弃物与环境。

第一节　大气环境

➤一、大气的组成

大气是由多种气体混合组成的，按其成分可以概括为三部分：干燥清洁的空气、水汽和悬浮微粒。干洁空气的主要成分是氮、氧、氩、二氧化碳气体，其含量占全部干洁空气的99.996％（体积）；氖、氦、氪、甲烷等次要成分只占0.004％左右。

空气的垂直运动、水平运动以及分子扩散，使得干洁空气的组成比例直到90～100km的高度还基本保持不变。也就是说，在人类经常活动的范围内，任何地方干洁空气的物理性质是基本相同的。

大气中的水蒸气主要来自海水的蒸发，少量来自江河、湖泊水的蒸发以及土壤、植物的蒸腾作用。大气中的水汽含量，随着时间、地点、气象条件等不同而有较大变化，在正常状态下其变化范围为0.02％～6％。大气中的水汽含量虽然很少，但却导致了各种复杂的天气现象，如云、雾、雨、雪、霜、露等。这些现象不仅引起大气中湿度的变化，而且还引起热量的转化。同时，水汽又具有很强的吸收长波辐射的能力，对地面的保温起着重要的作用。

大气中的悬浮微粒，除水汽凝结物如云、雾滴、冰晶等，主要是大气尘埃和悬浮在空气中的其他杂质。

二、大气污染和污染物

(一)大气污染

在干洁的大气中,恒量气体的组成是微不足道的。但是在一定范围的大气中,出现了原来没有的微量物质,其数量和持续时间,都有可能对人、动物、植物及物品、材料产生不利影响和危害。当大气中污染物质的浓度达到有害程度,以致破坏生态系统和人类正常生存和发展的条件,对人或物造成危害的现象叫作大气污染。造成大气污染的原因,既有自然因素又有人为因素,尤其是人为因素,如工业废气、燃烧、汽车尾气和核爆炸等。

随着人类经济活动和生产的迅速发展,在大量消耗能源的同时,也将大量的废气、烟尘物质排入大气,严重影响了大气环境的质量,特别是在人口稠密的城市和工业区域。

总之,大气中污染物或由它转化成的二次污染物的浓度达到了有害程度的现象,称为大气污染。

(二)大气污染物

1.一次污染物和二次污染物

(1)一次污染物。一次污染物是指直接从污染源排放的污染物质,如二氧化硫、二氧化氮、一氧化碳、颗粒物等。它们又可分为反应物和非反应物。前者不稳定,在大气环境中常与其他物质发生化学反应,或者作催化剂促进其他污染物之间的反应;后者则不发生反应或反应速度缓慢。

(2)二次污染物。二次污染物是指由一次污染物在大气中互相作用经化学反应或光化学反应形成的与一次污染物的物理、化学性质完全不同的新的大气污染物,其毒性比一次污染物还强。最常见的二次污染物如硫酸及硫酸盐气溶胶、硝酸及硝酸盐气溶胶、臭氧、光化学氧化剂,以及许多不同寿命的活性中间物(又称自由基),如 HO_2、HO 等。

2.天然污染物和人为污染物

大气污染物主要可以分为两类,即天然污染物和人为污染物。引起公害的往往是人为污染物,它们主要来源于燃料燃烧和大规模的工矿企业。

3.气溶胶态污染物和气态污染物

根据大气污染物的存在状态,可将其分为气溶胶态污染物和气态污染物。

(1)气溶胶态污染物。根据颗粒污染物物理性质的不同,气溶胶态污染物可分为如下几种:粉尘、烟、飞灰、黑烟、雾、总悬浮颗粒物。

(2)气态污染物。气态污染物主要包括含硫化合物、碳的氧化物、含氮化合物、碳氢化合物、卤素化合物等。

三、大气污染雾的危害

大气污染对气候的影响很大,大气污染排放的污染物对局部地区和全球气候都会产生一定影响,尤其对全球气候的影响,从长远看,这种影响将是很严重的。

(1)二氧化硫(SO_2)主要危害:形成工业烟雾,高浓度时使人呼吸困难,是著名的伦敦

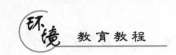

烟雾事件的元凶;进入大气层后,氧化为硫酸(SO_4),在云中形成酸雨,对建筑、森林、湖泊、土壤危害大;形成悬浮颗粒物,又称气溶胶,随着人的呼吸进入肺部,对肺有直接损伤作用。

(2)悬浮颗粒物(如:粉尘、烟雾、PM10)主要危害:随呼吸进入肺,可沉积于肺,引起呼吸系统的疾病;颗粒物上容易附着多种有害物质,有些有致癌性,有些会诱发花粉过敏症;沉积在绿色植物叶面,干扰植物吸收阳光和二氧化碳以及放出氧气和水分的过程,从而影响植物的健康和生长;厚重的颗粒物浓度会影响动物的呼吸系统;杀伤微生物,引起食物链改变,进而影响整个生态系统;遮挡阳光,从而可能改变气候,这也会影响生态系统。

(3)氮氧化物(如:NO、NO_2、NO_3)主要危害:刺激人的眼、鼻、喉和肺,增加病毒感染的发病率,例如引起导致支气管炎和肺炎的流行性感冒,诱发肺细胞癌变;形成城市的烟雾,影响可见度;破坏树叶的组织,抑制植物生长;在空中形成硝酸小滴,产生酸雨。

(4)一氧化碳(CO)主要危害:极易与血液中运载氧的血红蛋白结合,结合速度比氧气快250倍,因此,在极低浓度时就能使人或动物遭到缺氧性伤害。轻者眩晕,头疼,重者脑细胞受到永久性损伤,甚至窒息死亡。对心脏病、贫血和呼吸道疾病的患者伤害性大。引起胎儿生长受损和智力低下。

(5)挥发性有机化合物(如:苯、碳氢化合物)主要危害:容易在太阳光作用下产生光化学烟雾;在一定的浓度下对植物和动物有直接毒性;对人体有致癌、引发白血病的危险。

(6)光化学氧化物(如:臭氧 O_3)主要危害:低空臭氧是一种最强的氧化剂,几乎能够与所有的生物物质产生反应,浓度很低时就能损坏橡胶、油漆、织物等材料。臭氧对植物的影响很大。其浓度很低时就能减缓植物生长,高浓度时杀死叶片组织,致使整个叶片枯死,最终引起植物死亡。臭氧对于动物和人类有多种伤害作用,特别是伤害眼睛和呼吸系统,加重哮喘类过敏症。

(7)有毒微量有机污染物(如:多环芳烃、多氯联苯、二噁英、甲醛)主要危害:有致癌作用,有环境激素(也叫环境荷尔蒙)的作用。

(8)重金属(如:铅、镉)主要危害:重金属微粒随呼吸进入人体,铅能伤害人的神经系统,降低孩子的学习能力;镉会影响骨骼发育,对孩子极为不利。重金属微粒可被植物叶面直接吸收,也可在降落到土壤之后,被植物吸收,通过食物链进入人体。降落到河流中的重金属微粒随水流移动,或沉积于池塘、湖泊,或流入海洋,被水中生物吸收,并在体内聚积,最终随着水产品进入人体。

(9)有毒化学品(如:氯气、氨气、氟化物)主要危害:对动物、植物、微生物和人体有直接危害。

(10)难闻气味主要危害:直接引起人体不适或伤害;对植物和动物有毒性;破坏微生物生存环境,进而改变整个生态状况。

(11)放射性物质主要危害:致癌,可诱发白血病。

(12)温室气体(如:二氧化碳、甲烷、氯氟烃)主要危害:阻断地面的热量向外层空间发

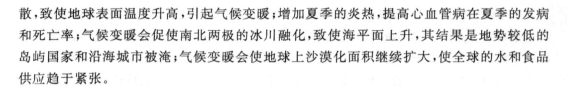

散,致使地球表面温度升高,引起气候变暖;增加夏季的炎热,提高心血管病在夏季的发病和死亡率;气候变暖会促使南北两极的冰川融化,致使海平面上升,其结果是地势较低的岛屿国家和沿海城市被淹;气候变暖会使地球上沙漠化面积继续扩大,使全球的水和食品供应趋于紧张。

四、大气污染防治技术

从大气污染的发生过程分析,防治大气污染的根本方法,是从污染源着手,通过减少污染物的排放量,促进污染物扩散稀释等措施来保证大气层的环境质量。但现有的经济技术条件还不能根治污染源,因此,大气环境的保护就需要通过运用各种措施,进行综合防治。具体可以从以下几个方面入手寻求大气污染的控制途径:①采取各种措施,减少污染物的产生;②采用各种技术,控制污染物的排放;③合理利用环境自净能力,保护大气环境;④强化大气管理。

(一)采取各种措施,减少污染物的产生

(1)区域采暖和集中供热。家庭炉灶和取暖小锅炉排放大量 SO_2 和烟尘是造成城市大气环境恶化的一个重要原因。城市采取区域采暖、集中供热措施,能够很好地解决这一问题。区域采暖、集中供热的好处表现在:①可以提高锅炉设备效率,降低燃料消耗量,一般可以将锅炉效率从 50%～60% 提高到 80%～90%;②可以充分利用热能,提高热利用率;③有条件采用高效率除尘设备,大大降低粉尘排放量。

(2)改善燃料构成。改善城市燃料构成是大气污染综合防治的一项有效措施。用无烟煤替代烟煤,推广使用清洁的气体、液体燃料,可以使大气中的 SO_2 和烟尘(降尘、飘尘)显著地降低。

(3)进行技术更新,改善燃烧过程。解决污染问题的重要途径之一是减少燃烧时的污染物排放量。改善燃烧过程,以使燃烧效率尽可能提高,污染物排放尽可能减少。这就需要对旧锅炉、汽车发动机和其他燃烧设备进行技术更新,对旧的燃料加以改进,以便提高热效率和减少废气排放。

(4)改革生产工艺,综合利用"废气"。通过改革生产工艺,可以力求把一种生产中排出的废气作为另一生产中的原材料加以利用,这样就可以达到减少污染物的排放和变废为宝的双重利益。

(5)开发新能源。开发太阳能、水能、风能、地热能、潮汐能、生物能、沼气能和核聚变能等清洁能源,以减少煤炭、石油的用量。以上新能源多为可再生性能源,在利用过程中不会产生化石能源开采使用的环境问题,是比较清洁的燃料。

(二)采用各种技术,控制污染物排放

这里采用的技术,主要包括烟尘治理技术、二氧化硫治理技术和光化学烟雾的治理技术等。

(三)合理利用环境自净能力,保护大气环境

1.搞好总体规划,合理工业布局

(1)搞好城市规划,完善基础设施建设。城市规划要解决的首要问题是确定城市性

质。城市性质确定以后,即确定了城市经济发展方向和产业结构,例如,杭州、苏州、桂林等城市被明确为风景游览城市后,也就同时决定了这些城市要严格控制污染工业的发展。城市布局要合理。工业区要布置在城市的下风向,工业区和居民区、商业区要分开,其间尽可能留出一些空地,建成绿化带以减轻污染危害。完善城市基础设施建设,可以节约大量能源,减少污染物的排放量。如发展公共交通事业,是防治汽车污染的有效手段。通过发展地铁和低公害汽车,可大大减少城市车流量,改进道路,可减少车辆堵塞、停顿现象,也可以达到减少排放量的目的。

(2)调整工业结构,合理工业布局。大气环境污染在很大程度上是工业排放的污染物造成的,合理工业布局是防治大气污染的一项基本措施,在工业布局上,应考虑工业结构和工业项目位置的选择。从大气环境保护的角度看,火电厂、建材、冶金等工业是能源消耗大户,属重污染型工业;纺织、机械等属于轻污染型工业。合理工业布局,就是按照不同的环境要求,如人口密度、能源消费密度、气象、地形等条件,安排布置工业发展。如对于风速比较小、静风频率较高、扩散条件较差的地区,不宜发展有害气体和烟尘排放量大的重污染型工业。工业建设项目的布局选址也很重要,在城市、风景区、自然保护区等敏感地区的主导风向上不应建设重污染型工业。这样做可能会制约某些项目投资,但从防治大气污染和整个社会经济的长远发展看,是完全必要的。

2.做好大气环境规划,科学利用大气环境容量

在环境区划的基础上,结合城市建设、总体规划进行城市大气环境功能分区。根据国家对不同功能区的大气环境质量标准,确定环境目标,并计算主要污染物的最大允许排放量。科学利用大气环境容量,就是根据大气自净条件(如稀释扩散、降水洗涤等),定量、定点、定时地向大气中排放污染物,保证大气污染物浓度不超过环境目标的前提下,合理地利用大气环境资源。

3.选择有利污染物扩散的排放方式

根据污染物落地浓度随烟囱的高度增加而减少的原理,我们可以通过广泛采用高烟囱和集合烟囱排放来促进污染物扩散,降低污染源附近的污染强度。集合烟囱排放就是将数个排烟设备集中到一个烟囱排放,这样可以提高烟气的温度和出口速度,达到增加烟囱有效高度的目的。这种方法虽可以降低污染物的落地浓度,减轻当地的地面污染,但却扩大了排烟范围,不能从根本上解决污染问题,尤其是在酸雨问题日益严重的今天,这种方法只能作为一种权宜之计。

4.发展绿色植物,增强自净能力

首先,绿色植物能吸收 CO_2 放出 O_2。发展绿色植物,恢复和扩大森林面积,可以起到固碳作用,从而降低大气 CO_2 含量,减弱温室效应。除此之外,绿色植物还可以过滤吸附大气颗粒物、吸收有毒有害气体,起到净化大气的作用。就吸收有毒气体而言,阔叶林强于针叶林,而落叶阔叶林一般又比常绿阔叶林强,垂铆、悬铃木、夹竹桃等对二氧化硫有较强的吸收能力,而泡桐、梧桐用作城市绿化,不仅可以净化大气,还可以调节温度、湿度,调节城市的小气候。在大片绿化带与非绿地之间,因温度差异,在天气晴朗时可以形成局地环流,有利于大气污染物的扩散。国内外都在大力研究筛选各种对大气污染物有较强抵抗和吸收能力的绿色植物,以及绿化布局对空气净化作用的影响。同时也在努力扩大绿化面积,以改善居住环境。

(四)加强大气管理

大气环境管理就是运用法律、行政、经济、技术、教育等手段,通过全面规划,从宏观上、战略上、总体上研究解决大气污染问题。法律是环境管理中的一种重要手段,是以规范性、强制性、稳定性和指导性的方式来管理环境。我国继 1979 年颁布了环境保护基本法《中华人民共和国环境保护法(试行)》后,1984 年颁布了《关于防治煤烟污染技术政策的规定》,1987 年颁布了《中华人民共和国大气污染防治法》和《关于城市烟尘控制区管理办法》等法律法规。各省、市、自治区和国务院各部门结合本地区本部门的具体情况也制定和颁布了一系列环境保护条例和规定。同时,为了实现大气环境管理科学化、定量化,我国先后颁布了《环境空气质量标准》《大气污染物综合排放标准》《工业锅炉烟尘排放标准》《汽车尾气排放标准》等一系列大气环境质量标准和污染物排放标准,为大气环境管理提供了依据。运用行政手段管理环境是指在环境管理中依靠和发挥国家各级行政机关的作用,借助行政决策和运用行政命令、决议、指示等方式来组织管理环境,解决大气污染问题,如政府对一些大气污染严重的企业实行限期治理或关、停、并、转、迁等措施。

大气污染物总量控制也是一种行政手段,它是从大气环境功能区划分和功能区环境质量目标出发,然后考虑排污源与功能区大气质量间关系,通过区域协调,统筹分配允许排放量,把排入特定区域的污染物总量控制在一定的范围内,以实现预定的环境目标。

运用经济方法管理环境,是按照经济规律的客观要求,充分利用价格、利润、信贷、税收等经济杠杆的作用,来调整各方面的环境关系。凡是造成污染危害的单位,都要承担治理污染的责任,对向大气环境排放污染物或超过国家标准排放的企业,根据超标排放的数量和浓度,按规定征收排污费。

大气环境技术管理是通过制定技术标准、技术政策、技术发展方向和生产工艺等进行环境管理,限制损坏大气环境质量的生产技术活动,鼓励开发无公害生产工艺技术。

第二节　水体环境

➤一、水体及水体污染的概念

(一)水体

要了解水体污染,首先要明确水体的概念。水体是海洋、湖泊、河流、沼泽、水库、地下水的总称。在环境学中,水体包括了水本身及其中存在的悬浮物、溶解物、胶体物、水生生物和底泥等完整的生态系统。由于水体具有广泛的生态系统的含义,区分"水"与"水体"的概念十分重要。如某条河流受到重金属汞污染,此种污染物易被水中悬浮物吸附、络合而自水中转移到底泥内,从而使水中的重金属含量降低。此时,如果只检测水,会得出未

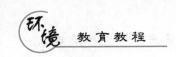

受污染的判断,但自底泥取样分析,则会发现水体因底泥含汞量高而受到严重污染。因此,从水体概念去研究水环境污染,才能得出全面、准确的认识。

(二)水体污染

所谓水体污染,是指人类生产和生活活动排入水体的污染物超过了该物质在水体中的本底含量和水体的自净能力,使水体的物理、化学及生物特征发生不良变化,并使人类的正常生产、生活,以及自然界的生态平衡受到影响。

早期的水体污染主要是人口稠密的大城市排出的生活污水造成的,18世纪产业革命之后,工业生产排放的废水和废物成为水体污染的主要来源。随着工业的发展,水污染的范围不断扩大,污染程度日益严重。

二、水体污染源和污染物

水体污染源根据不同的分类原则,可以有不同的分类,具体见表3-1。

表3-1 水体污染源的分类

分类原则	分类名称
水体污染原因	天然源、人为源
释放有害物种类	物理性、化学性、生物性
分布特征	点源、面源、扩散源
按受污染的水体	地面水污染源、地下水污染源和海洋污染源

(一)主要的污染源

人类活动产生的大量污水中含有许多对水体产生污染的物质,包括生活废水、工业废水和农业废水等。

1. 生活废水

生活废水是人们日常生活中产生的各种废水的总称,主要包括粪便水、洗浴水、洗涤水和冲洗水等。其来源除家庭生活废水外,还有各种集体单位和公用事业等排出的生活废水。

生活废水中杂质很多,杂质的浓度与用水量多少有关。生活废水有如下几个特点:

(1)含氮、磷、硫高;

(2)含有纤维素、淀粉、糖类、脂肪、蛋白质、尿素等在厌氧性细菌作用下易产生恶臭的物质;

(3)含有多种微生物,如细菌、病原菌、病毒等,易使人传染上各种疾病;

(4)洗涤剂的大量使用,使它在废水中含量增大,呈弱碱性,对人体有一定危害。

随着人口在城市和工业区的集中,城市生活废水的排放量剧增,已成为污水的主要来源。2015年我国城镇生活污水排放量达545亿吨,同比增长6%。生活废水中多含有机物质,容易被生物化学氧化而降解。未经处理的生活废水排入天然水体会造成水体污染。

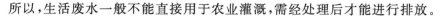

所以,生活废水一般不能直接用于农业灌溉,需经处理后才能进行排放。

2.工业废水

工业的迅速发展,使工业废水的排放量很大,它是水体污染最重要的污染源。工业废水具有以下几个特点:

(1)排放量大,污染范围广,排放方式复杂。工业生产用水量大,相当一部分生产用水中都携带原料、中间产物、副产物及终产物等排出厂外。工业企业遍布全国各地,污染范围广,不少产品在使用中又会产生新的污染。如全世界化肥施用量约 5 亿吨,农药 200 多万吨,使遍及全世界广大地区的地表水和地下水都受到不同程度的污染。工业废水的排放方式复杂,既有间歇排放和连续排放,也有规律排放和无规律排放等,给污染的防治造成很大困难。

(2)污染物种类繁多,浓度波动幅度大。由于工业产品品种繁多,生产工艺也各不相同,因此,工业生产过程中排出的污染物也数不胜数,而不同污染物性质又有很大差异,浓度也相差甚远。

(3)污染物质毒性强,危害大。被酸碱类物质污染的废水有刺激性、腐蚀性,而有机含氧化合物如醛、酮、醚等则有还原性,能消耗水中的溶解氧,使水缺氧而导致水生生物死亡。工业废水中含有大量的氮、磷、钾等营养物,可促使藻类大量生长耗去水中溶解氧,造成水体富营养化污染。工业废水中悬浮物含量很高,可达 3000mg/L,为生活废水的 10 倍。

(4)污染物排放后迁移变化规律差异大。工业废水中所含各种污染物的性质差别很大,有些还有较强毒性、较大的蓄积性及较高的稳定性。一旦排放,其迁移变化规律很不相同,有的沉积水底,有的挥发转入大气,有的富集于生物体内,有的则分解转化为其他物质,甚至造成二次污染,使污染物具有更大的危险性。

(5)恢复比较困难。水体一旦受到污染,即使减少或停止污染物的排放,要恢复到原来状态仍需要相当长的时间。

一些工业废水中所含的主要污染物如表 3 - 2 所示。

表 3 - 2 一些工业废水中的主要污染物

工业部门	废水中主要污染物
化学工业	各种盐类、Hg、As、Cd、氰化物、苯类、酚类、醛类、醇类、油类、多环芳香烃化合物等
石油化学工业	油类、有机物、硫化物
有色金属冶炼	酸、重金属 Cu、Pb、Zn、Hg、Cd、As 等
钢铁工业	酚、氰化物、多环芳香烃化合物、油、酸
纺织印染工业	染料、酸、碱、硫化物、各种纤维素悬浮物
制革工业	铬、硫化物、盐、硫酸、有机物

工业部门	废水中主要污染物
造纸工业	碱、木质素、酸、悬浮物等
采矿工业	重金属、酸、悬浮物等
火力发电	冷却水的热污染、悬浮物
核电站	放射性物质、热污染
建材工业	悬浮物
食品加工工业	有机物、细菌、病毒
机械制造工业	酸、重金属 Cr、Cd、Ni、Cu、Zn 等、油类
电子及仪器仪表工业	酸、重金属

3.农业废水

农业废水包括农作物栽培、牲畜饲养、食品加工等过程排出的废水和液态废物。在农业生产方面,农药、化肥的广泛施用也对水环境、土壤环境等造成了严重的污染。

喷洒农药及施用化肥,一般只有少量附着或施用于农作物上,其余绝大部分残留在土壤和飘浮在大气中,然后通过降雨、径流和土壤渗流进入地表水或地下水,造成水体污染。农药是农业污染的主要方面。各种类型农药的广泛施用,使它存在于土壤、水体、大气、农作物和水生生物体中。

肉类制品(包括鸡、猪、牛、羊等)产量的急剧增长,随之而来的是大量的动物粪便直接排入饲养场附近水体,造成了水体污染。此外,牲畜饲养场排出的废物也是水体中生物需氧量和大肠杆菌污染的主要来源。在杭州湾进行的一项研究发现,水体中化学耗氧量的88%来自农业,化肥和粪便中所含的大量营养物是对该水域自然生态平衡以及内陆地表水和地下水质量的最大威胁。

农业废水是造成水体污染的面源,它面广、分散、难于收集,难于治理。综合起来看,农业废水形成的水体污染具有以下两个显著特点:

(1)有机质、植物营养物质及病原微生物含量高。如中国农村牛圈所排废水生化需氧量可高达 4300mg/L,是生活废水的几十倍。

(2)含较高量的化肥、农药。施用农药、化肥的 80%～90% 均可进入水体,如有机氯农药半衰期约为 15 年,所以它可参加水循环形成全球性污染,在一般各类水体中均有其存在。

(二)水体污染的主要污染物

凡使水体的水质、生物质、底质质量恶化的各种物质均可称为水体污染物或水污染物。

影响水体的污染物种类繁多,大致可以从物理、化学、生物等方面将其划分为几类。①物理方面主要是影响水体的颜色、浊度、温度、悬浮物含量和放射性水平等的污染物;②化学方面主要是排入水体的各种化学物质,包括有无机无毒物质(酸、碱、无机盐类等)、无机有毒物质(重金属、氰化物、氟化物等)、耗氧有机物及有机有毒物质(酚类化合物、有机农药、多环芳烃、多氯联苯、洗涤剂等);③生物方面主要包括污水排放中的细菌、病毒、原生动物、寄生蠕虫及藻类大量繁殖等。

第三节　土壤环境

➤一、土壤污染的概念

土壤污染是指进入土壤中的有害、有毒物质超出土壤的自净能力,导致土壤的物理、化学和生物学性质发生改变,从而降低农作物的产量和质量,并危害人体健康的现象。污染使土壤生物种群发生变化,直接影响土壤生态系统的结构与功能,导致生产能力退化,并最终对生态安全和人类生命健康构成威胁。因其缓慢性和隐蔽性,被称为"看不见的污染"。因此,认识并了解土壤污染这一现象,提高公众的土壤保护意识,对预防和治理土壤污染至关重要。

➤二、土壤污染源

土壤污染源主要是人为造成的污染源,如"三废"(废气、废渣、废水)的排放,过量使用的农药、化肥、重金属物、化学药品等。

(一)污水灌溉

生活污水和工业废水中,含有氮、磷、钾等许多植物所需要的养分,所以合理地使用污水灌溉农田,一般有增产效果。但污水中还含有重金属、酚、氰化物等许多有毒有害的物质,如果污水没有经过必要的处理而直接用于农田灌溉,会将污水中有毒有害的物质带至农田,污染土壤。例如:冶炼、电镀、燃料、汞化物等工业废水能引起镉、汞、铬、铜等重金属污染,石油化工、肥料、农药等工业废水会引起酚、三氯乙醛、农药等有机物的污染。

(二)大气污染

大气中的有害气体主要是工业中排出的有毒废气,它的污染面大,会对土壤造成严重污染。工业废气的污染大致分为两类:①气体污染,如二氧化硫、氟化物、臭氧、氮氧化物、碳氢化合物等;②气溶胶污染,如粉尘、烟尘等固体粒子及烟雾、雾气等液体粒子。它们通过沉降或降水进入土壤,造成污染。例如:有色金属冶炼厂排出的废气中含有铬、铅、铜、镉等重金属,对附近的土壤造成污染;生产磷肥、氟化物的工厂会对附近的土壤造成粉尘污染和氟污染。

(三)化肥

施用化肥是农业增产的重要措施,但不合理的使用,也会引起土壤污染。长期大量使用氮肥,会破坏土壤结构,造成土壤板结,生物学性质恶化,影响农作物的产量和质量。过量地使用硝态氮肥,会使饲料作物中含有过多的硝酸盐,妨碍牲畜体内氧的输送,使其患病,严重的导致死亡。

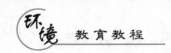

(四)农药

农药能防治病、虫、草害,如果使用得当,可保证作物的增产,但它是一类危害性很大的土壤污染物,施用不当,会引起土壤污染。喷施于作物体上的农药(粉剂、水剂、乳液等),除部分被植物吸收或逸入大气外,有一半左右散落于农田,这一部分农药与直接施用于田间的农药(如拌种消毒剂、地下害虫熏蒸剂和杀虫剂等)构成农田土壤中农药的基本来源。农作物从土壤中吸收农药,在根、茎、叶、果实和种子中积累,通过食物、饲料危害人体和牲畜的健康。此外,农药在杀虫、防病的同时,也使有益于农业的微生物、昆虫、鸟类遭到伤害,破坏了生态系统,使农作物遭受间接损失。

(五)固体废物

工业废物和城市垃圾是土壤的固体污染物。例如,各种农用塑料薄膜作为大棚、地膜覆盖物被广泛使用,如果管理、回收不善,大量残膜碎片散落田间,会造成农田"白色污染"。农膜的原料是人工合成的高分子化合物,这些物质的分子结构非常稳定,很难在自然条件下进行光降解和热降解,也不易通过细菌和酶等生物方式降解,是一种长期滞留于土壤的污染物。一般情况下,残膜可在土壤中存留 200~400 年。

➤ 三、土壤污染类型及其现状

(一)土壤污染类型

土壤污染按照不同的原则,可以分成不同的类型。

(1)按污染物性质,可分为无机污染、有机污染及生物污染等三大类型。

(2)根据环境中污染物的存在状态,可分为单一污染、复合污染及混合污染等。

(3)依污染物来源,可分为农业物资(化肥、农药、农膜等)污染型、工企"三废"(废水、废渣、废气)污染型及城市生活废物(污水、固体废弃物、烟/尾气等)污染型。

(4)按污染场地(所),又可分为农田、矿区、工业区、老城区及填埋区等污染。

(二)土壤污染类型现状

当前,我国土壤污染退化已表现出多源、复合、量大、面广、持久、毒害的现代环境污染特征,正从常量污染物转向微量持久性毒害污染物,尤其在经济快速发展地区表现更为明显。我国土壤污染退化的总体现状已从局部蔓延到区域,从城市城郊延伸到乡村,从单一污染扩展到复合污染,从有毒有害污染发展至有毒有害污染与 N、P 营养污染的交叉,形成点源与面源污染共存,生活污染、农业污染和工业污染叠加,各种新旧污染与二次污染相互复合或混合的态势。

➤ 四、土壤污染的特点

(一)土壤污染具有隐蔽性和滞后性

大气污染、水污染和废弃物污染等问题一般都比较直观,通过感官就能发现。而土壤污染则不同,它往往要通过对土壤样品进行分析化验和农作物的残留检测,甚至通过研究对人畜健康状况的影响才能确定。因此,土壤污染从产生污染到出现问题通常会滞后较

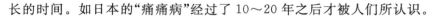

长的时间。如日本的"痛痛病"经过了 10～20 年之后才被人们所认识。

(二)土壤污染具有累积性

一般污染物质在大气和水体中比在土壤中更容易迁移。这使得污染物质在土壤中并不像在大气和水体中那样容易扩散和稀释,因此容易在土壤中不断积累而超标,同时也使土壤污染具有很强的地域性。

(三)土壤污染具有不可逆转性

重金属对土壤的污染基本上是一个不可逆转的过程,许多有机化学物质的污染也需要较长的时间才能降解。譬如,被某些重金属污染的土壤可能要经过 100～200 年时间才能够恢复。

(四)土壤污染具有难治理性

如果大气和水体受到污染,切断污染源之后通过稀释作用和自净化作用也有可能使污染问题不断逆转,但是积累在污染土壤中的难降解污染物则很难靠稀释作用和自净化作用来消除。土壤污染一旦发生,仅仅依靠切断污染源的方法往往很难恢复,有时要靠换土、淋洗土壤等方法才能解决问题,而其他治理技术可能见效较慢。因此,治理污染土壤通常成本较高、治理周期较长。鉴于土壤污染难于治理,且土壤污染问题的产生又具有明显的隐蔽性和滞后性等特点,因此土壤污染问题一般都不太容易受到重视。

第四节　固体废弃物与环境

➤ 一、固体废弃物的概念

固体废弃物是指人类在生产、消费、生活和其他活动中产生的固态、半固态废弃物质(国外的定义则更加广泛,动物活动产生的废弃物也属于此类),通俗地说,就是"垃圾"。它主要包括固体颗粒、垃圾、炉渣、污泥、废弃的制品、破损器皿、残次品、动物尸体、变质食品、人畜粪便等。有些国家把废酸、废碱、废油、废有机溶剂等高浓度的液体也归为固体废弃物。

➤ 二、固体废弃物的特点

从固体废弃物与环境、资源、社会的关系分析,固体废弃物具有以下特点:

(一)污染性

固体废弃物的污染性表现为固体废弃物自身的污染性和固体废弃物处理的二次污染性。固体废弃物可能是含有毒性、燃烧性、爆炸性、放射性、腐蚀性、反应性、传染性与致病性的有害废弃物或污染物甚至是含有污染物富集的生物,有些物质难降解或难处理,固体废弃物排放数量与质量具有不确定性与隐蔽性,固体废弃物处理过程生成二次污染物,这些因素导致固体废弃物在其产生、排放和处理过程中对生态环境造成污染,甚至对身心健康造成危害,这些都说明固体废弃物具有污染性。

(二)资源性

固体废弃物的资源性表现为固体废弃物是资源开发利用的产物和固体废弃物自身具有一定的资源价值。固体废弃物只是在一定条件下才成为固体废弃物的,当条件改变后,固体废弃物有可能重新具有使用价值,成为生产的原材料、燃料或消费物品,因而具有一定的资源价值及经济价值。

需要指出的是,固体废弃物的经济价值不一定大于固体废弃物的处理成本。总体而言,固体废弃物是一类低品质、低经济价值的资源。

(三)社会性

固体废弃物的社会性表现为固体废弃物产生、排放与处理具有广泛的社会性。一是社会每个成员都产生与排放固体废弃物;二是固体废弃物的产生意味着社会资源的消耗,对社会产生影响;三是固体废弃物的排放、处理处置及固体废弃物的污染性影响他人的利益,即具有外部性(外部性是指活动主体的活动影响他人的利益。当损害他人利益时称为负外部性,当增大他人利益时称为正外部性。固体废弃物排放与其污染性具有负外部性,固体废弃物处理处置具有正外部性),产生社会影响。这说明,无论是产生、排放还是处理,固体废弃物都影响每个社会成员的利益。需注意的是,固体废弃物排放前属于私有品,排放后成为公共资源。

(四)兼有废物和资源的双重性

固体废弃物一般具有某些工业原材料所具有的物理化学特性,较废水、废气易收集、运输、加工处理,可回收利用。固体废弃物是在错误时间放在错误地点的资源,具有鲜明的时间和空间特征。

(五)富集多种污染成分的终态,污染环境的源头

废物往往是许多污染成分的终极状态。一些有害气体或飘尘,通过治理,最终富集成为固体废物;废水中的一些有害溶质和悬浮物,通过治理,最终被分离出来成为污泥或残渣;一些含重金属的可燃固体废物,通过焚烧处理,有害金属浓集于灰烬中。这些"终态"物质中的有害成分,在长期的自然因素作用下,又会转入大气、水体和土壤中,成为大气、水体和土壤环境的污染"源头"。

(六)所含有害物呆滞性大、扩散性大

固态的危险废物具有呆滞性和不可稀释性,一般情况下进入水、气和土壤环境的释放速率很慢。土壤对污染物有吸附作用,导致污染物的迁移速度比土壤水慢得多。

(七)危害具有潜在性、长期性和灾难性

由于污染物在土壤中的迁移是一个比较缓慢的过程,其危害可能在数年以至数十年后才能发现,但是当发现造成污染时已造成难以挽救的灾难性成果。从某种意义上讲,固体废物特别是危害废物对环境造成的危害可能要比水、气造成的危害严重得多。

➤三、固体废弃物的种类

根据废弃物来源,固体废弃物分为生活废弃物、工业固体废弃物和农业固体废弃物。

生活废弃物是指在日常生活中或者为日常生活提供服务的活动中产生的固体废物以及法律、行政法规规定视为生活垃圾的固体废物,包括城市生活废弃物和农村生活废弃物。它由日常生活垃圾和保洁垃圾、商业垃圾、医疗服务垃圾、城镇污水处理厂污泥、文化娱乐业垃圾等为生活提供服务的商业或事业产生的垃圾组成。工业固体废弃物是指工业生产活动(包括科研)中产生的固体废物,包括工业废渣、废屑、污泥、尾矿等废弃物。农业固体废弃物是指农业生产活动(包括科研)中产生的固体废物,包括种植业、林业、畜牧业、渔业、副业等农业产业产生的废弃物。如果把服务业、工业和农业产生的固体废弃物并称为产业垃圾,固体废弃物可笼统地分为日常生活垃圾和产业固体废弃物(包括与产业相关的事业产生的固体废弃物)两大类。

固体废弃物的分类方式较多,除上述分类方式外,还可根据废弃物性质、形态或处理方法等进行分类。根据性质,固体废弃物可分为有机物废弃物和无机物废弃物;根据危害性,固体废弃物可分为一般废弃物和有害废弃物;根据形态,固体废弃物可分为固态(块状、粒状、粉状)和泥状废弃物;根据废弃物处理方法,固体废弃物可分为可燃物废弃物和不可燃物废弃物;等等。

四、固体废物资源化途径

固体废物资源化的途径有:废物回收利用、废物转换利用和废物转化能源。

(1)废物回收利用:包括分类收集、分选和回收。

(2)废物转换利用:通过一定技术,利用废物中的某些组分制取新形态的物质。如利用微生物分解作用可堆腐有机物生产肥料等。

(3)废物转化能源:通过化学或生物转换,释放废物中蕴藏的能量,并加以回收利用。如垃圾焚烧发电或填埋气体发电等。

第四章

灾害

 教学基本要求

通过本章学习,了解灾害的概念与内涵、环境灾害链的概念及类型。掌握灾害的分类与性质,掌握地震、洪水、干旱、冰冻、台风等灾害及灾害链。熟悉灾害系统、灾害影响与损失分析。

教学内容

1. 灾害的概念与内涵;
2. 灾害链的类型。

第一节　灾害概述

➤一、灾害的概念与内涵

(一)灾害的概念

由自然变异、人为因素或两者兼有的原因造成的人类生命财产损失和生存条件被破坏的各类事件通称为灾害。

(二)灾害的内涵

灾害是由致灾体和承灾体共同构成的。如果地震、洪水发生在荒无人烟的地方,没有造成损害时,就不是自然灾害,而是自然现象;只有由它们为主因造成的生命伤亡和人类社会财产损失才是自然灾害。

➤二、灾害分类

(一)根据灾害形成的主导作用和主要表现形式分类

根据灾害形成的主导作用和主要表现形式,灾害可分为自然灾害和人为灾害。

1. 自然灾害

自然灾害是由自然变异或力量为主因造成的生命财产损失和生存条件被破坏的事件。

(1)地质、地貌类：地震、滑坡、崩塌、泥石流、火山、地陷、地裂等。

(2)气象、水文类：台风、洪水、海侵、湿浸、水土流失等。

(3)生物类：生物入侵、病虫害、疫病疫情等。

(4)天文灾害：陨石撞击、太阳磁暴等。

2.人为灾害

人为灾害是由人类、人群或个人的各种错误、失误、蓄意制造或恶意破坏为主因造成的生命财产损失和生存条件被破坏的事件。

(二)根据灾害发生的时间序列及其相互关系分类

根据灾害发生的时间序列及其相互关系，灾害可分为原生灾害、次生灾害和衍生灾害。

1.原生灾害

原生灾害或直接灾害是致灾因子直接造成某类承灾体的破坏与伤亡，如地震、洪水等。

2.次生灾害

次生灾害或间接灾害是由原生灾害所诱导出来的灾害。例如：地震次生灾害主要有火灾、水灾（海啸、水库垮坝等）、传染性疾病（如瘟疫）、毒气泄漏与扩散（含放射性物质）、其他自然灾害（如滑坡、泥石流）等。

3.衍生灾害

衍生灾害是致灾因素破坏了社会的基本生命线，如水、电、煤、食品等的供应，造成了人群的伤亡和组织的瓦解，都会直接或间接造成社会生产、经济活动的停顿，由此将灾害的影响范围由灾害原发地扩展到更广阔的地区，造成巨大的经济损失和社会影响。如大地震的发生使社会秩序混乱，出现烧、杀、抢等犯罪行为，使人民生命财产再度遭受损失；再如大旱之后，地表与浅部淡水极度匮乏，迫使人们饮用深层含氟量较高的地下水，从而导致了氟病，这些都称为衍生灾害。次生灾害与衍生灾害有时比原生灾害的危害还大。因此，防止次生灾害与衍生灾害的发生与蔓延也是减灾的重要内容之一。

(三)根据灾害致灾过程的速度分类

根据灾害致灾过程的速度，灾害可分为突发性灾害和渐变性灾害。

1.突发性灾害

突发性灾害，如地震、火山爆发、泥石流、海啸、台风、洪水等。

2.渐变性灾害

渐变性灾害，如地面沉降、土地沙漠化、干旱、海岸线变化等，渐变性灾害要在较长时间中才能逐渐显现。

➤三、灾害的性质

(一)灾害的双重属性

1.灾害的自然属性

自然条件、自然环境和自然变异是灾害形成的主要原因或主要背景因素。例如：天气

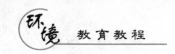

的异常变化导致的气象灾害,海水的异常变化导致的海洋灾害,地壳内能急骤释放导致的火山、地震。此外,许多人为灾害也与自然条件有密切的直接关系或间接关系,如交通事故的多发与雨雪浓雾密切相关。

2.灾害的社会属性

人一方面是各种灾害的承灾体,另一方面又是一种动力因素,对许多灾害的产生有着重要的影响。①随着人类社会的发展,出现许多人为—自然灾害,而且愈发严重,如水土流失、地面沉降、环境污染等。②灾害的损失程度与社会经济发展水平密切相关。灾害损失程度的基本指标有受灾人口、受灾面积、经济损失等,这些指标有两种表现形式:相对值和绝对值。从绝对损失程度看,人口和城镇密集、工农业生产发达、社会财富密度高的地区,绝对损失严重,各项指标的绝对值指标高。

(二)空间广布性和区域性

灾害在时间和空间上越来越普遍。空间上的普遍化,形成了灾害发生有逐渐扩大的趋势,但有着极端不均匀性的分布;时间上的普遍化,形成了无年无灾的现象。灾害并不是孤立地发生,它们常常在某一时间段或某一地区相对集中出现,形成灾害群发现象。

1.广布性

灾害几乎遍及地球的每一角落,和人类生存的脚步如影随形。灾害的这一特点,称为广布性。灾害的广布性具有两重含义:①在地球表面人类生存的自然环境中,自然灾害存在于任何一个区域之中,世界上没有一个有人类生存的地域中没有遭受过自然灾害的袭击。从绝对意义上说,完全远离自然灾害的"世外桃源"是不存在的。②大多数类型的自然灾害在地理环境中都具有较广泛的分布范围。虽然一个地区不可能受到所有类型的自然灾害的袭击,但总会有几种类型的灾害经常"光顾"该地。这样,几十种自然灾害依据各自形成的自然条件,相互配置地覆盖了整个人类生存环境。灾害的广布性,使人类一直生活在风调雨顺的"世外桃源"中的梦想永远不可能实现,而且人类经济越发达,灾害给人类带来的损害就可能越大。理解了灾害的广布性特点,人类就会抛弃愚昧的态度,从而以科学的态度正视自然灾害。

2.区域性

自然灾害的形成是以一定的自然条件为基础的,而各种自然条件在全球范围的分布并不均匀,具有明显的空间差异性。全球性自然灾害带的分布是全球海陆分布、构造分布等因素共同决定的。区域性自然灾害带则主要分布于陆地上,空间尺度较全球性灾害带要小。无论是海洋、陆地,还是大气圈、水圈、岩石圈,自然灾害分布在所有人类居住的自然环境中。同时,各种自然灾害并不是均匀地分布在全球范围,而是不同类型的自然灾害具有不同的空间分布规律。自然灾害的这个特点称为区域性。自然环境不但具有时间上的差异,即自然环境的变化性,还具有空间上的差异,就是空间分异性。自然环境各要素的变化在不同区域中具有不同的特点,因而形成空间差异显著的不同自然环境类型。自然环境的差异,决定了自然灾害形成及其特点的差异,这就是自然灾害的地域差异性。此外,不同区域灾害类型及其组合不同,区域灾害的频率和强度也不同。

（三）突发性、群发性和关联性

1. 突发性

许多灾害带有猝不及防的特点。灾害爆发迅速，涉及面广，危害性极强，如地震、暴雨、热带风暴、北上台风、森林火灾、风暴潮、滑坡、泥石流等。需要注意的是，也有一些灾害是逐渐显露其严重性的，如旱灾、病虫害、地面沉降等。

2. 群发性

灾害爆发后，往往会出现一种或多种类型灾害在相同区域、同一时期内集中发生的现象，灾害的这个特点，称为群发性。例如：对于某个区域来说，地震在一定时间范围内进入频发时期，这段时间内地震灾害就具有群发性特点；干旱、蝗虫、土地荒漠化也往往是在同一时期内结伴降临；一次台风袭击，可以同时导致风暴潮、暴雨、洪涝、飓风等多种灾害发生。这些都是灾害群发性的具体表现。

3. 关联性

灾害的影响还可以表现在不同区域之间，如：发生在亚洲中部的沙尘暴，其波及范围一直可以达到我国长江中下游地区，甚至可以到达日本；发生在南半球太平洋海域的厄尔尼诺现象，受其影响所形成的灾害性天气现象，可出现在北半球中纬度地区。灾害的这种跨地区影响并导致系列灾害出现的特点，称为灾害的关联性。灾害的群发性和关联性共同缔造了灾害链的形成。灾害链可以划分为并列型灾害链、串联型灾害链、并列—串联型灾害链三种。并列型灾害链，是由一种原生自然灾害同时引发形成多种灾害而形成的灾害链；串联型灾害链则是由一种原生灾害引发形成一种次生灾害、再引发形成另一种次生灾害，从而形成串联型灾害链；并列—串联型灾害链，是结合了以上两种灾害链而形成的，其群发性特点更加显著，灾情更加严重。

（四）损失巨大性

不论经济发达到何种程度，都无法避免来自本地或异地的灾害对人类发展的影响。自然灾害所造成的损失随社会经济发展而增大，承受和抵御自然灾害的能力也随社会经济的发展而增强。如在1967—1997年的30年中，全世界有300万人死于自然灾害，数千万人的生活受到严重影响。在各种自然灾害袭击下，人类不断地付出巨大代价，尽管为研究、防御与抵御灾害做了很多努力，投入了大量人力物力，但是由于灾害问题极为复杂，至今还不能说已取得了令人满意的结果。因为每类灾害都涉及宇宙、天体、地球、大气、海洋、生物和地下深部等方面的异常运动与变化以及其相互作用，其发生的周期不定、持续时间短、规模大、威力强、危害重，是人类现在还难以预先了解和掌握其规律的浩劫。

（五）不可避免性与可减轻性

认识到自然灾害的不可避免性、可减轻性是人类对灾害在观念上的重要突破：一方面，由此认识可以树立起正确的灾害观，即由自然环境变化的客观性和自然环境对于人类生存的不可或缺性，认识灾害形成和存在的必然性；另一方面，人类既不可能完全征服自然，达到远离自然灾害的境地，也不应该成为在自然变化面前毫无作为的"奴隶"，而应该

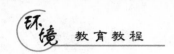

在谋求与自然的和谐相处中,通过科学技术进步达到减轻自然灾害的目的。只要有人类存在,人类生存与自然环境之间的矛盾就不可能消失,自然环境各要素的变化就不可能不给人类造成生命财产和生存条件方面的损失,自然灾害也就是不可避免的。从另一方面讲,人类通过千百年来的实践和研究,已经对各种灾害的形成规律有所了解,而且通过技术进步,人类越来越掌握了趋利避害、化害为利的手段,在灾害中求生与救助的手段也越来越先进,从而有效地减轻了灾害带来的损失。随着科技的发展,人们预测并控制自然灾害的能力逐年提高。但是,由于灾害损失呈现递增趋势,所以对灾害的预防与控制任务仍然任重道远。

四、灾害系统

灾害是一种复杂的现象,具有很强的系统性。灾害系统由孕灾环境、致灾因子和承灾体构成,三者在灾害形成中缺一不可,对灾害的形成都具有重要的作用,它们都是灾害形成的充分且必要的条件。

1. 孕灾环境

每一种灾害都是在一定的环境中孕育形成的,不同的孕灾环境形成不同的灾害。孕灾环境是由大气圈、岩石圈、水圈和物质文化圈所组成的综合地球表层环境。孕灾环境的稳定程度是标定区域孕灾环境的定量指标。孕灾环境对灾害系统的复杂程度、强度、灾情程度以及灾害系统的群聚与群发特征起着决定性的作用。

2. 致灾因子

致灾因子是指可能造成财产损失、人员伤亡、资源与环境破坏、社会系统混乱等孕灾环境中的变异因子。例如大气圈中的暴雨、大风、干旱、低温等,地质环境中的滑坡、崩塌、泥石流、地震、火山、地陷等。灾害的形成是致灾因子对承灾体作用的结果,没有致灾因子就没有灾害。对致灾因子的研究主要是致灾因子产生的机制及其风险评价,其实践的目的是提高致灾因子的预报准确率,为预测灾害发生提供技术参数。

3. 承灾体

承灾体是包括人类本身在内的物质文化环境,主要有农田、森林、草场、道路、居民点、城镇、工矿等人类活动和财富集聚体。需要指出的是,在有些灾害中,人类既是承灾体,又是致灾因子。通过孕灾环境、致灾因子和承灾体循环反馈过程决定灾害的形成过程,灾情的大小由孕灾环境的稳定性、致灾因子的危险性和承灾体的脆弱性决定。

第二节　灾害链的概念与类型

一、灾害链概念

1987 年我国地震学家郭增建首次提出灾害链的理论概念:"灾害链就是一系列灾害相继发生的现象。"

随后文传甲又把灾害链定义为："一种灾害启动另一种灾害的现象。"即前一种灾害为启动灾环，后一事件为被动灾环，更突出强调了事件发生之间的关联性。

肖盛燮等人从系统灾变角度将灾害链定义为："灾害链是将宇宙间自然或人为等因素导致的各类灾害，抽象为具有载体共性反映特征，以描绘单一或多灾种的形成、渗透、干涉、转化、分解、合成、耦合等相关的物化流信息过程，直至灾害发生给人类社会造成损坏和破坏等各种链锁关系的总称。"

史培军将灾害链定义为由某一种致灾因子或生态环境变化引发的一系列灾害现象，并将其划分为串发性灾害链与并发性灾害链两种。

二、灾害链的类型

1. 因果型灾害链

因果型灾害链是指灾害链中相继发生的自然灾害之间有成因上的联系。例如，大震之后引起瘟疫、旱灾之后引起森林火灾等。

2. 同源型灾害链

同源型灾害链是指形成链的各灾害的相继发生是由共同的某一因素引起或触发的情形。例如太阳活动高峰年，因磁暴或其他因素，心脏病人死亡多、地震也相对多、气候有时也有重大波动，这三种灾情都与太阳活动这个共同因素相关。

3. 重现型灾害链

重现型灾害链是同一种灾害二次或多次重现的情形。台风的二次冲击、大地震后的强余震都是灾害重现的例子。

4. 互斥型灾害链

互斥型灾害链是指某一种灾害发生后另一灾害就不再出现或者减弱的情形。民间谚语"一雷打九台"就包含了互斥型灾害链的意义。历史上曾有所谓大雨截震的记载，这也是互斥型灾害链的例子。

5. 偶排型灾害链

偶排型灾害链是指一些灾害偶然在相隔不长的时间在靠近的地区发生的现象。例如，大旱与大震、大水与地震、风暴潮与地震等就属于这类灾害链。

三、具体实例

1. 地震所引起的海啸、水灾灾害链

1960年5月22日智利接连发生了7.7级、7.8级、8.5级三次大震，而在瑞尼赫湖区则引起了300万立方米、600万立方米和3000万立方米的三次大滑坡。地震还引起了巨大的海啸，在智利附近的海面上浪高达30米。海浪以每小时600～700公里的速度扫过太平洋，抵达日本时仍高达3～4米，使得1000多所住宅被冲走，约1333.33公顷良田被淹没，15万人无家可归。

2.拉尼娜、厄尔尼诺灾害链

(1)1954—1958年灾害链。

1954年4月至1956年2月发生了强度为121的强拉尼娜事件;1954年12月15日至1955年1月21日湖南发生严重低温冷害;1954年东北发生严重低温冷害;1954—1956年北京发生强沙尘暴;1957年4月至1958年7月发生强度为97的强厄尔尼诺事件;1957年东北发生严重低温冻害;1957—1958年爆发亚洲流感。

(2)1963—1969年灾害链。

1963年7月至1964年1月发生强度为30的弱厄尔尼诺事件;1964年2月8日至26日湖南发生低温冻害;1964年5月至1965年1月发生强度为44的中等强度拉尼娜事件;1964—1967年北京发生强沙尘暴;1965年5月至1966年3月发生强度为72的强厄尔尼诺事件;1967年7月至1968年6月发生强拉尼娜事件;1969年发生东北严重低温冷害;1968—1969年爆发香港流感。

(3)1975—1977年灾害链。

1975年5月至1976年2月发生强度为51的强拉尼娜事件;1976年6月至1977年3月发生强度为57的强厄尔尼诺事件;1976年发生东北严重低温冷害;1977年1月21日,湖南雨雪日数持续10天;强寒潮冷空气入侵,其来势凶猛,不仅带来大雪,还使得降温剧烈,各地最低温异常低,降到—10℃至—18℃,且以武汉的—18.1℃为历史最低,纪录一直保持至今;1977年爆发俄罗斯流感。

 阅读材料4-1

中国自然灾害

我国是世界上自然灾害种类最多的国家,国家科委国家计委国家经贸委自然灾害综合研究组将自然灾害分为七大类:气象灾害、海洋灾害、洪水灾害、地质灾害、地震灾害、农作物生物灾害和森林生物灾害。

一、气象灾害

气象灾害有20余种,主要如下:

(1)暴雨:山洪暴发、河水泛滥、城市积水;

(2)雨涝:内涝、渍水;

(3)干旱:农业、林业、草原的旱灾,工业、城市、农村缺水,土地荒漠化;

(4)干热风:干旱风、焚风;

(5)高温、热浪:酷暑高温、人体疾病、灼伤、作物逼熟;

(6)热带气旋:狂风、暴雨、洪水;

(7)冷害:强降温和气温低造成作物、牲畜、果树受害;

(8)冻害:霜冻、作物、牲畜冻害,水管、油管冻坏;

(9)冻雨:电线、树枝、路面结冰,水管冻坏;

(10)结冰:河面、湖面、海面封冻,雨雪后路面结冰;

(11)雪害:暴风雪、积雪;

(12)雹害:毁坏庄稼、破坏房屋;

(13)风害:倒树、倒房、翻车、翻船;

(14)龙卷风:局部毁灭性灾害;

(15)雷电:雷击伤亡;

(16)连阴雨(酸雨):对作物生长发育不利、粮食霉变等;

(17)浓雾:人体疾病、交通受阻;

(18)低空风切变:(飞机)航空失事;

(19)酸雨:作物等受害;

(20)沙尘暴:人畜死亡、建筑物倒塌、农业减产、大气污染、表土流失。

二、海洋灾害

海洋灾害主要有如下种类:

(1)风暴潮:台风风暴潮、温带风暴潮;

(2)海啸:分遥海啸与本地海啸2种;

(3)海浪:风浪、涌浪和近岸浪3种,就其成因而言又分台风浪、气旋浪;

(4)海水倒灌;

(5)赤潮;

(6)海岸带灾害:海岸侵蚀、滑坡、土地盐碱化、海水污染等;

(7)厄尔尼诺的危害;

(8)拉尼娜的危害。

三、洪水灾害

洪水灾害主要有以下种类:

(1)暴雨灾害;

(2)山洪;

(3)融雪洪水;

(4)冰凌洪水;

(5)溃坝洪水;

(6)泥石流与水泥流洪水。

四、地震灾害

地震灾害主要有以下种类:

(1)构造地震;

(2)陷落地震;

(3)矿山地震;

(4)水库地震。

五、农作物生物灾害

农作物生物灾害有以下种类:

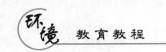

(1)农作物病害：主要有水稻病害 240 多种，小麦病害 50 种，玉米病害 40 多种，棉花病害 40 多种及大豆、花生、麻类等多种病害；

(2)农作物虫害：主要有水稻虫害 252 种，小麦虫害 100 多种，玉米虫害 52 种，棉花虫害 300 多种，以及其他各种作物的多种虫害；

(3)农作物草害：约 8000 多种；

(4)鼠害。

六、森林生物灾害

森林生物灾害主要有以下种类：

(1)森林病害；

(2)森林虫害；

(3)森林鼠害。

七、地质灾害

地质灾害主要有以下种类：

(1)泥石流；

(2)滑坡；

(3)崩塌；

(4)地面下沉；

(5)地震。

 阅读材料4-2

全国防灾减灾日

全国"防灾减灾日"是经中华人民共和国国务院批准而设立的。自 2009 年起，每年 5 月 12 日为全国防灾减灾日。一方面顺应社会各界对中国防灾减灾关注的诉求，另一方面提醒人民更加重视防灾减灾工作，努力减少灾害损失。

"防灾减灾日"的图标以彩虹、伞、人为基本元素。雨后天晴的彩虹韵意着美好、未来和希望；伞的弧形形象代表着保护、呵护之意；两个人代表着一男一女、一老一少；两人相握之手与下面的两个人的腿共同构成一个"众"字，寓意大家携手，众志成城，共同防灾减灾。整个标识体现出积极向上的思想和保障人民群众生命财产安全之意(见图 4-1)。

一、节日由来

2008 年 5 月 12 日，四川汶川发生里氏 8.0 级特大地震，也就是汶川大地震。这场中华人民共和国成立以来破坏性最强的大地震仅四川全省就有 68712 人遇难、17912 人失踪。这场大地震给全国人民带来了巨大的心理压力和难以愈合的心灵创伤，堪称国家和民族史上的重大灾难。灾害发生后，全国人民在党中央、国务院的领导下众志成城、抗震救灾，表现出了前所未有的团结与坚强。2008 年 6 月，山西省太原市有政协委员提议，为表达对灾害遇难者的追思，增强全民忧患意识，提高防灾减灾能力，有必要设立"防灾减灾日"或"中国赈灾日"，借此表达对地震遇难者的纪念，弘扬团结抗灾的精神。

图 4-1　防灾减灾日的图标

二、设立目的

1989 年,联合国经济及社会理事会将每年 10 月的第二个星期三确定为"国际减灾日",旨在唤起国际社会对防灾减灾工作的重视,敦促各国政府把减轻自然灾害列入经济社会发展规划。

在设立"国际减灾日"的同时,世界上许多国家也都设立了本国的防灾减灾主题日,有针对性地推进本国的防灾减灾宣传教育工作。如日本将每年的 9 月 1 日定为"防灾日",8 月 30 日到 9 月 5 日定为"防灾周";韩国自 1994 年起将每年的 5 月 25 日定为"防灾日";印度洋海啸以后,泰国和马来西亚将每年的 12 月 26 日确定为"国家防灾日";2005 年 10 月 8 日,巴基斯坦发生 7.6 级地震后,巴基斯坦将每年 10 月 8 日定为"地震纪念日"等。

三、主题活动

1. 2009 年

2009 年 5 月 12 日是中国首个"防灾减灾日"。国家减灾委对组织开展首个国家"防灾减灾日"进行了研究,对各地、各部门开展"防灾减灾日"活动提出了要求,主要围绕以下四个方面开展:

(1)开展中小学防灾减灾专题活动。宣传周期间,全国中小学普遍开展一次防灾减灾专题活动。通过组织防灾减灾演练、主题班会、板报宣传、观看防灾减灾影视作品等活动,开展形式多样的防灾减灾宣传主题活动,提高学生防灾减灾素养。

(2)开展各类防灾减灾教育活动。针对本地本部门主要灾害风险,立足群众广泛参与,有针对性地向广大干部和群众介绍灾害基本知识、防灾减灾基本常识和避险自救互救的基本技能。

(3)开展形式多样的防灾减灾演练。针对公共安全、突发事件、应急救援、卫生防疫、自救互救、转移安置等内容,针对特定人群,因地制宜地组织开展形式多样的各类防灾减

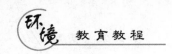

灾演练。针对消防安全、生产安全、医疗救护等内容,开展有针对性的技能培训和技能练兵活动。

(4)开展"防灾减灾日"集中宣传活动。宣传周期间,各类媒体集中开展各类防灾减灾宣传活动。通过开设专栏、专题,播出有关专题和影视节目,报道各地活动开展情况、防灾减灾措施经验以及取得的成绩,宣传防灾减灾政策法规,营造防灾减灾舆论氛围。

2.2010 年

2010 年 5 月 12 日是我国第二个"防灾减灾日",主题是"减灾从社区做起。"

3.2011 年

2011 年 5 月 12 日是我国第三个"防灾减灾日",主题是"防灾减灾从我做起"。5 月 9 日至 15 日为防灾减灾宣传周。主要围绕以下五个方面开展:

(1)紧紧围绕"防灾减灾日"主题开展工作。

(2)组织倡导公众开展"四个一"活动。

(3)大力开展全民防灾减灾宣传教育。

(4)扎实开展灾害风险隐患排查治理。

(5)积极组织群众开展防灾减灾演练。

4.2012 年

2012 年 5 月 12 日是我国第四个"防灾减灾日",主题是"弘扬防灾减灾文化,提高防灾减灾意识"。5 月 7 日至 13 日为防灾减灾宣传周。主要围绕以下五个方面开展:

(1)积极开展防灾减灾文化宣传活动。

(2)大力推进防灾减灾知识和技能普及工作。

(3)深入开展灾害风险隐患排查治理。

(4)广泛开展防灾减灾演练活动。

(5)扎实推进减灾示范社区创建工作。

5.2013 年

2013 年 5 月 12 日是我国第五个"防灾减灾日",主题是"识别灾害风险,掌握减灾技能"。5 月 6 日至 12 日为防灾减灾宣传周。主要围绕以下四个方面开展:

(1)组织开展防灾减灾科普宣传活动。

(2)认真做好防灾减灾基本技能普及工作。

(3)深入开展灾害风险隐患排查治理活动。

(4)积极开展防灾减灾应急演练活动。

6.2014 年

2014 年 5 月 12 日是我国第六个"防灾减灾日",主题是"城镇化与减灾"。5 月 10 日至 16 日为防灾减灾宣传周。主要围绕以下四个方面开展:

(1)突出城镇化与减灾主题,扎实开展防灾减灾活动。

(2)加大宣传教育力度,普及防灾减灾知识技能。

(3)加强灾害风险评估,深入推进隐患排查治理。

（4）修订完善应急预案，组织开展防灾减灾演练。

7.2015年

2015年5月12日是我国第七个"防灾减灾日"，主题是"科学减灾 依法应对"。5月11日至17日为防灾减灾宣传周。主要围绕以下四个方面开展：

（1）突出"科学减灾 依法应对"主题，扎实开展防灾减灾活动。

（2）不断丰富宣传教育内容，大力普及防灾减灾知识和技能。

（3）深入推进灾害风险隐患排查，加大集中整治力度。

（4）修订完善应急预案，积极开展防灾减灾演练。

8.2016年

2016年5月12日是我国第八个"防灾减灾日"，主题是"减少灾害风险 建设安全城市"。5月9日至15日为防灾减灾宣传周。主要围绕以下四个方面开展：

（1）突出"减少灾害风险 建设安全城市"主题，深入开展防灾减灾活动。

（2）丰富宣传教育内容，大力普及防灾减灾知识和技能。

（3）强化风险评估，扎实推进灾害隐患排查和集中整治。

（4）完善应急预案，积极开展防灾减灾演练。

9.2017年

2017年5月12日是我国第九个"防灾减灾日"，主题是"减轻社区灾害风险，提升基层减灾能力"。5月8日至14日为防灾减灾宣传周。主要围绕以下四个方面开展：

（1）突出全国防灾减灾日主题，深入开展防灾减灾活动。

（2）创新宣传教育形式，大力普及防灾减灾知识和技能。

（3）强化灾害风险防范，扎实推进灾害隐患排查治理。

（4）及时完善应急预案，积极开展防灾减灾救灾演练。

10.2018年

2018年5月12日是我国第十个"防灾减灾日"，主题是"行动起来，减轻身边的灾害风险"。5月7日至13日为防灾减灾宣传周。主要围绕以下四个方面开展：

（1）突出"行动起来，减轻身边的灾害风险"主题，扎实开展防灾减灾宣传教育活动。

（2）强化灾害风险防范，有效推进灾害隐患排查治理。

（3）修订完善应急预案，扎实开展防灾减灾救灾演练。

（4）加大宣传教育力度，普及防灾减灾知识技能。

第五章

人地关系

教学基本要求

通过本章学习,了解人地关系的内涵及其阶段特征、人地关系的基本理论,掌握可持续发展理论的内涵。

教学内容

1. 人地关系的内涵及其阶段特征;
2. 人地关系理论;
3. 可持续发展理论。

第一节　人地关系演变

➤ 一、人地关系的内涵

人地关系是人们对人类与地理环境之间关系的一种简称。对它的经典解释是人类社会及其活动与自然环境之间的关系。也就是说,在经典解释中地理环境和自然环境是同义语;人地关系的非经典解释认为,人地关系是指人类社会生存与发展或人类活动与地理环境(广义的)的关系。这里的地理环境被认为是由自然和人文要素按照一定规律相互交织、紧密结合而成的地理环境整体。

究竟如何看待和评价上述两种解释呢? 或许来自生态学的启示是有益的。生态学被定义为是研究生物个体或群体与周围环境之间相互关系的学科。在生态学中,把由生物参与"制造"形成的土壤,既看作生物生长与发育的环境,也将其纳入统一的生物圈范畴,研究其与岩石圈、大气圈、水圈的相互作用。有时也将土壤视为特殊的有机体(土壤圈),研究它与其形成和发展的环境的关系,即土壤的生态研究。由此,我们把由人类活动或由人类参与"制造"形成的社会、经济、文化等比喻成"土壤",就不难理解上述关于人地关系的两种解释。

德国地理学家拉采尔是人地关系经典解释的奠基人,他所创立的"人地学"是受达尔文"进化论"生态学的影响,把生物与环境的关系类推为人类与自然环境的关系。应该说作为这种生态类推法本身并无错误,导致其"地理环境决定论"错误的根源在于把"人"等同于生物,并无视"人"在系统内部的相互作用,后来一些学者提出的"人类圈""智慧圈""社会圈""技术圈"可以认为是对拉采尔的"人"的修正,或然论、适应论、人类生态论、协调论等是对拉采尔"人地学"的发展。显然,人地关系的经典解释应属于生物圈与其他圈层关系的生态类推。由此看来,"人类圈"等一些相似概念的提出是必要的。

人地关系的非经典解释把人类活动的产物——社会、经济、文化——作为地理环境的一部分,研究人类社会的生存与发展或人类活动与地理环境(广义的)的关系是属于另一种生态类推,即生物生长与发育和环境关系的类推。人文地理学的文化地理、社会地理、政治地理等可视为类似"土壤的生态"的研究。

鉴于上述,本书认为,人地关系的经典界定和非经典界定并无孰是孰非的问题,是源于两种不同的生态类推,在某些方面二者是交叉、重叠的。在统一的人地关系中,二者的关联及差异可用图5-1表示。但由于自然环境和人文环境具有不同的本征变化周期,所以,从相对意义上讲,经典解释的人地关系更适合从长时间尺度理解人地关系的发展,非经典解释更适合于从中短时间尺度理解人地关系的发展。

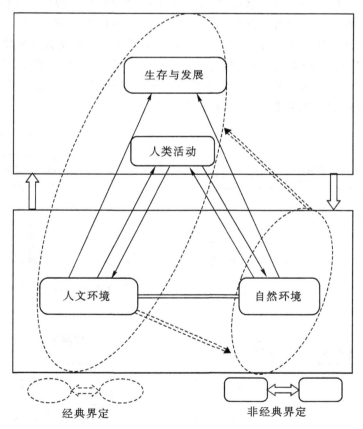

图5-1　人地关系的经典界定与非经典界定

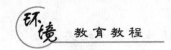

▶二、人地关系系统及其一般构型

从一般系统论出发,人地关系系统可定义为由人与地的诸因子相互作用和影响形成的统一整体。对这一整体的元素和关系的抽象所形成的概念结构图示,我们称其为它的一般构型。根据前面对人地关系的解释,人地关系系统可形成如下两种基本(一般)构型:基于人地关系经典解释的人地关系系统构型和基于人地关系非经典解释的人地关系系统构型。

(一)基于人地关系经典解释的人地关系系统构型

按人地关系的经典解释,人地关系系统可理解为由人类社会及其活动的组成要素与自然环境的组成要素相互作用和影响而形成的统一整体,也可称人类与自然环境相互作用系统。在这个系统中,作为子系统的自然环境是以人类为主体的客观物质体系,它是由各种自然要素构成的自然综合体,是自然物质发展的产物,人类活动也参与了这一发展的过程。从它对人类社会及其活动影响的因子来看,既包括自然资源、自然灾害,又包括各种自然要素相互作用所形成的生态关系和功能耦合(由人类活动引起的生态破坏和环境污染包含于其中)。作为另一子系统的人类社会及其活动是以主体形式存在的,是由各种社会经济要素构成的社会经济综合体,它既是人类社会发展的产物和人类再活动的基础,也是人类社会发展的主要内容。其构成要素主要包括人口、社会、经济和文化。

由于人类与自然环境相互作用系统是以人类的持续生存和发展为系统发展标志的,因此,对这一系统的基本构型也应围绕人类生存与发展的主题展开,关注影响自然环境的一系列人类活动和影响人类社会及其活动的一系列自然环境以及二者的互馈作用。基于人地关系经典解释的人地关系系统构型见图5-2。

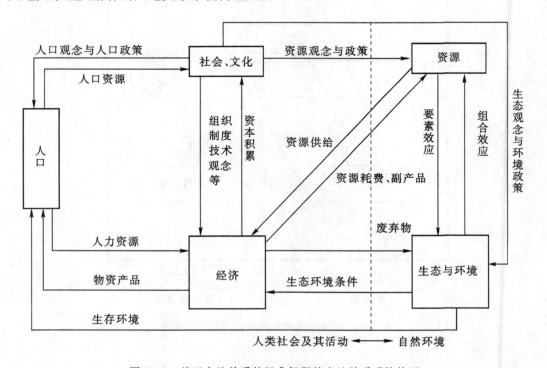

图5-2 基于人地关系的经典解释的人地关系系统构型

(二)基于人地关系非经典解释的人地关系系统构型

按人地关系的非经典解释,人地关系系统划分为人类社会生存与发展或人类活动和地理环境(广义的)两个子系统。其中地理环境子系统包括自然环境和人文环境两大组成部分,其可视为人类社会生存与发展的总环境或人类活动的总环境。对自然环境及其组成要素前面已做界定。人文环境可认为是人类活动范围内的社会经济条件总和,包括人口、经济、社会文化及其资源形式。

人类社会生存与发展或人类活动子系统是以其状态变化的延续性为特征的过程系统,主要由人口再生产活动、经济活动(生产—流通—消费)、社会文化活动和生态活动所组成。

与基于人地关系经典解释的人地关系系统构型相比,该系统构型更以人类社会生存与发展为主线,强调自然环境和人文环境对人类活动和人类社会发展的综合影响和作用。基于人地关系非经典解释的人地关系系统构型见图 5-3。

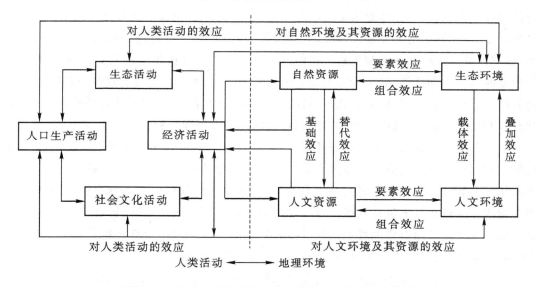

图 5-3　基于人地关系非经典解释的人地关系系统构型

➤三、人地关系地域系统及其发展特征

人地关系地域系统是以地球表层一定地域为基础的人地关系系统,也就是人与地在特定的地域中相互联系、相互作用而形成的一种动态结构。这种动态结构得以存在和发展的条件,是在特定规律制约下,系统组成要素之间或与其周围环境之间,不断进行物质、能量和信息的交换,并以"流"的形式(如物质流、能量流、信息流、经济流、人口流、社会流等)维系系统与环境及系统各组成要素之间的关系。一般而言,如果系统仅靠内部要素的联系而维持生存与发展,那么这个系统就可称为封闭系统。否则,则为开放系统。地球表层人地关系系统就可近似地看成是一个封闭系统。"增长的极限""没有极限的增长""全球可持续发展理论"代表着当代人类对这一封闭系统生存与发展的三种观点。

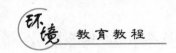

从相对意义上讲,人地关系地域系统有封闭和开放之分。所谓封闭是指系统的发展主要依赖其内部发展要素的组织(包括要素之间的组织和要素在地域空间上组织),而与地域外部缺乏社会经济联系。所谓开放是指系统的发展同时依赖内部和外部的发展要素,在地域关联中求得系统的发展。本书讨论的人地关系地域系统的发展主要基于后者,并以当今被人类社会普遍接受的可持续发展理论为指导,由此把人地关系地域系统的发展特征定义为开放性、人性、开发性和协调性。

(一)开放性

全球性的现代化扩张及其伴随的人口、资源、环境等问题的出现,已经把世界统一为一个整体,任何一个国家或国家内部的地区都不能处于完全封闭之中。人地关系地域系统的开放不仅是客观世界发展的必然,也成为系统自身发展的需求。但地域特性和利益的存在,又使开放程度存在着差异。也就是说,每个地域虽然是宏观地域的一个层次,但它也具有自身的发展特征,因此,也就相应地存在着独立于整体的区域利益。但承认区域特征和区域利益,并不意味着每个区域封闭性发展,而是要积极走向开放,增加与外部的循环与交换,实行非均衡发展。其原因在于:第一,任何区域同其他区域相比都不是完备的,任何区域的供给和需求都不是对称的;第二,任何区域的区位条件只有在区域互补联系中才能真正发挥优势,获取分工利益。由此可见,任何地域除了维护自身利益和尊重自身发展特征外,还要不断扩大开放,从可持续发展的角度看,开放内容应包括经济开放、文化开放和生态开放,开放的空间结构应包括国内开放和国际开放。

经济开放是人地关系地域系统开放的主导方面,主要指系统与外部地域之间存在着资源、技术、资金、劳务、商品等经济要素的输入—输出关系。通过输入与输出,系统可获得基于比较利益和分工利益之上的贸易利益,还可以通过获得限制区域发展的稀缺因素或关键因素求得系统的经济发展。对不发达地区或发展中地区而言,还可获得工业化利益。因为这些地区通过借助发达国家或地区的先进技术、资金、管理经验等,可以较高的"参照"水平或后起优势,缩短自身工业化所需的时间和过程。

文化开放是指系统不能囿于既有文化的封闭发展之中,应在自身文化传统基础上,不断吸纳和接受外域的先进文化和技术,在文化融合中求得创新和发展。虽然说经济是文化的基础,文化产生于经济,但对一个地域来讲,通过先进文化的移入或与先进文化融合创新,同样也会促进经济发展和生态环境保护。以文化对经济发展的先导作用为例,如第二次世界大战以后的日本通过引入欧美文化和科技,很快超过了其他的西方对手。中国是一个具有深厚农业文明的国家,要尽快走上工业化道路,捷径就是在经济开放中,注重吸收工业化国家的文化和科技,推动经济快速发展;但不能照搬西方的模式,以牺牲环境和本国文化谋求经济发展。

生态开放是指人类要有意识地遵循地球的地质大循环和生物小循环规律。不以区域或国家的界线为限制,注重生态活动的区际联系和国际联系,尽可能地防止环境污染、生态破坏的区际传递。

(二)人性

在人地关系地域系统中,我们最关心的还是人类需求的满足。人类需求是随着人类社会生产的发展而发展的,在采集狩猎社会,人类主要用原始技术(石器、木器等),依赖天然食物资源来满足个体延续的简单生存需求。在农业社会,人类掌握了农业技术,依赖大规模开发农业资源维持其基本的物质需求。到了工业社会,人类利用现代工业技术(机械、电器、社会化大生产),掠夺性利用不可再生资源和环境,以获取高物质消费的发展需求。正是在后者的驱动下,许多资源逐渐减少甚至衰竭,使工业生产产生的废弃物大量排放到环境中而造成环境污染,造成自然生态系统的社会经济容量接近或超过饱和状态,同时,由于人口的不断增加,各种再生资源也已接近或超过承载极限,土地退化、森林枯竭等生态破损现象严重,这就使得本来不属于人类社会需求内容的生存环境问题,变成普遍的社会问题,生态需求已显著地纳入了人类社会需求的范畴,并与人类物质、文化需求相交织,构成当代以及将来人类社会的全面发展需求。显然,人类的全面发展需求单靠物质生产和经济发展是不能满足的,它需要人口生产、物质生产、社会文化生产和生态生产(或称自然环境再生产)的相互协调,亦即人地关系地域系统的整体进化和发展。

人性,即以人为本。发展是围绕"人"的发展,围绕满足人类需求的发展。人类全面需求的特点,要求人类在满足物质、文化需求的同时,要善待自然环境。以充分使用和最大限度地开发人力资源、智力资源、知识资源和社会资源为目标,替代自然资源和环境的短缺,拓展资源和环境的相对社会经济容量,实现人地关系地域系统的可持续发展。

"人"的开发和人类自身的优化是实现人地关系和谐发展的重要前提。由自然人到经济人,再到生态人的过渡正是人性的发展。人性的发展主要体现在:①人自身发展方式的转变,注重发展的质量和人生价值的实现。②人的消费方式的转变,注重在生产和生活过程中,对资源的集约利用,改变传统的经济增长方式,由粗放经营向集约经营转变。改变传统的消费方式,由工业社会的不可持续性消费向可持续消费转变,即充分利用智力资源、信息资源和可再生资源。③人的智能的转变,人类的思维空间是无限的,人的智能是负熵之源。由于人的智能释放与一定的体制、文化背景密切相连,因此,人的智能的转变必须注重人的素质转化力、体制及文化的转换力和科技转换力。人的素质转化力已被舒尔茨的"人力资本"理论所证明。体制和文化转换力在比较经济学中多有阐述。科技转换力已被人类社会广泛接受,科学技术是第一生产力的论述、知识经济思想的产生已充分证明了这一点。

(三)开发性

人地关系地域系统的发展是靠人类的开发活动维持的,没有开发,也就没有发展。但开发内容应有所转变,即从传统的经济开发转向以经济开发为主,包括社会文化和生态开发在内的全面开发,使开发、开放与发展的内容协调一致。

经济开发是实现经济增长和经济发展的重要手段,主要包括经济开发的形式和战略、采取的措施和手段,以及国家实行的区域政策等。从可持续发展的角度看,经济开发应注重经济、社会和生态效益的统一,实现开发的结构均衡。但在不同的开发阶段,区域经济开发的模式并不要求相同,但不同阶段的模式必须有机相连。我国是个发展中国家,在现阶段以及未来的一段时间内,中国不可能接受某些西方学者的"低增长""零增长"观念,只能通过开发争取到较高的增长速度,才可能从根本上解决生态环境问题,但这不等于说,只要增长,不要环境。现阶段,中国经济开发的主要内容应立足于产业结构的合理化和高级化,在兼顾公平的前提下,采取非均衡的开发战略。

社会文化开发主要指人力资源的开发和文化创新,增强社会调控结构的转换能力。社会调控结构主要由人类的价值观念、人类社会的制度安排和社会的组织管理方式组成,从可持续发展角度看,价值观念,特别是自然观,是指导人类处理人地关系的基本原则。人类社会的制度安排以及社会的组织管理方式都与价值观念息息相关,价值观念是影响制度安排和组织管理方式的深层根源。制度安排是规范人类行为的一系列规则,其中涉及人地关系的制度安排,是对权利和义务的规定,主要包括资源的产权结构和环境保护、生态治理的法规及其保障手段。组织管理方式主要包括人类社会的组织管理方式、开发利用自然系统的组织管理方式,也包括人类社会对消费结构和技术结构的调控方式。调控结构不仅直接决定人地关系的基本过程,也通过对技术结构和消费结构的调整间接影响人地关系的发展。而合理的调控结构的建立,又有赖于人力资源的开发和文化创新。

生态开发是一种广义的生态活动,是人类社会活动的有机组成部分。它包括与合理解决生态问题有关的、与社会生产和所有社会活动的生态学化有关的人类活动的所有种类和形式。人们保护和改变周围自然环境的物质活动,生产生态学化和建立生态生产等的活动,以及与形成生态意识有关的精神活动都可纳入生态活动的范畴。从可持续发展的角度看,生态活动与经济活动应是并行不悖的,科学的途径就是建立集约化的、合理的人地关系地域系统,注重各种类型资源的节约,通过科技创新提高劳动生产率,积极发展生态农业和生态工业。

(四)协调性

人地关系地域系统的发展是一种以保护自然生态环境为基础,以激励经济增长为条件,以改变人类生活质量和满足人类全面发展需求为目的的发展。所谓协调,就是协调与满足人类全面需求有关的各种人类活动,通过其协同进化使人地关系地域系统协调发展。人类活动的协调主要是对人口生产、物质生产、生态生产和社会文化生产的协调,使其形成正向相互作用。人口生产的正向作用主要是控制人口总量、提高人口素质;物质生产的正向作用主要是采取符合可持续发展要求的经济增长方式,即以高效低耗、少污染的集约型经济增长方式取代传统的粗放型增长方式;社会文化生产的正向作用主要是通过价值观念、制度安排、组织管理方式和科技创新以及教育发展提高人力资本的产出能力,建立适度消费和符合现代文明要求的生产、生活方式;生态活动的正向作用是促进资源与环境的再生,有效控制环境污染和生态破坏,拓展资源与环境的承载能力。此外,由于人地关系地域系统是一个不断发展着的多层次空间系统,系统的发展还受空间相互作用影响,所以协调也包括区际关系的协调,有关内容将在后面阐述。

第二节 人地关系理论

人地关系是与人类同龄的人类社会的一种基本关系,因而它也是长期影响人类社会发展的一个重要因素。正因为如此,人类在几千年的文明发展过程中始终关注着这一问题,试图揭示人地关系的实质。在以往人地关系讨论中,就人—地这对矛盾双方主、次问题的争论进行得异常激烈。就西方人地关系思想而言,我国著名地理学家中科院吴传钧院士、南京师范大学地理学家李旭旦教授、北京大学王恩涌教授等学者均作过系统介绍。至于中国的人地关系思想,我国著名人文地理学家东北师范大学李振泉教授、北京师范大学周尚意教授等学者也作过系统研究。然而,就人—地这对矛盾双方哪一个主要、哪一个次要问题的争论而言,系统地对中西方理论观点进行对应研究的成果尚不多见。笔者主要在这一方面作了初步尝试,归纳前人的研究,得出以下5种典型理论。

➢一、地理环境决定论

地理环境决定论是一种以自然地理环境的作用解释人类社会发展,认为地理环境是人类社会发展的决定性因素的理论。地理环境决定论思想萌芽于西方的古希腊和中国的先秦时期。古希腊哲学家希波格拉底(公元前460—前377年)在其《论环境》一书中,通过研究气候季节变化对人的肉体和心灵的影响,得出了"人的性格和智慧是由气候决定"的结论。亚里士多德(公元前384—前322年)在其著作《政治学》一书中指出,北方寒冷地区各民族性格特点为精力充沛、富于热忱,但大都拙于技巧而缺少理解;亚洲气候炎热,各民族性格特点多擅长机巧,深于理解,但性格怯懦,热忱不足,故常屈从于人而为臣民,甚至沦为奴隶;希腊在地理位置上因处于两大陆之间,其民族性格也兼有两者的品质。他们既有热忱,也有理智,精力充沛,所以自主性强,其国家政治得到高度发展,其民族特点适宜于统治其他民族。

中国古代先秦著作《礼记·王制》中指出:"广谷大川异制,民生其间者异俗。"《管子》中"沃土之民不材,瘠土之民向义"等论断,都带有环境决定论思想萌芽。

早在2000多年前,西方和东方均出现地理环境决定论思想萌芽。这是由于人的狭隘的活动范围、落后的社会生产力、人类在自然界面前的软弱以及人的认识能力水平低等因素综合作用导致了人对自然力崇拜,从而把人类社会许多问题归因于神秘的自然地理环境。

经历天主教神权统治的漫长岁月后,欧洲进入文艺复兴时代。作为反对唯神论的思想武器,地理环境决定论再度盛行。法国著名启蒙思想家孟德斯鸠(1689—1755年)在其《论法的精神》一书中指出:"气候王国才是一切王国的第一位","炎热国家的人民就像老头子一样怯懦,而寒冷国家的人民则像青年人一样勇敢","热带地区气候炎热、身体疲惫,没有勇气,所以奴性重,通常为专制主义所笼罩。寒带人体质和精神能从事长久、艰苦、宏伟和勇敢的活动,保持政治自由,所以欧洲多民主政体"。除此之外,在欧洲18—19世纪

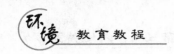

的学术著作中,气候决定论、温度决定论、水决定论、位置决定论等思想观点也曾广泛流行。

1859 年,达尔文(1809—1882 年)在其巨著《物种起源》中提出"适者生存""自然选择"等阐明生物进化和生物与其环境统一的观点,不仅影响到生物科学,也强烈冲击了其他自然科学和社会科学。在当时,社会科学领域兴起"社会达尔文主义"的思潮,地理科学也深受地理环境决定论的影响。现代地理科学奠基人、德国著名地理学家洪堡(1769—1859年)、李特尔(1779—1859 年)均提出地理环境决定论的观点。如洪堡写道,"我要努力证明自然条件对道德和人类命运的经常的、无所不在的影响"。李特尔认为,"由于英国位置在众海湾从各方面包围的中央,所以自然地成为海洋的统治者"。但是,地理学界公认的地理环境决定论代表人物是德国著名地理学家拉采尔(1844—1904 年),他在其代表著作《人类地理学》(1882 年)和《政治地理学》(1897 年)中,完整系统地阐明了他的地理环境决定论思想:"环境以盲目的残酷性统治着人类的命运。"他的思想广泛传播,作为理论基础,影响欧美地理学发展半个多世纪。第二次世界大战以后,地理环境决定论开始在整个学术界走向衰落。

➢二、适应论

适应论是英国利物浦大学教授罗士培(1880—1947 年)提出来的,他在 1930 年英国科协地理组年会的主席致辞中提出:"人文地理学包括两个方面:一是人群对他们的自然环境的适应,包括对区域经验的分析;二是地域间的关系,即居住在区域内的人群的适应。"他认为,人文地理学的研究方向及核心就是人地关系,而他所理解的人地关系不仅包括人与自然的关系,也包括人与人的地域关系。人地关系的本质是"适应",适应不仅指自然环境对人群活动的"控制",也包括人群对环境的利用和利用的可能性。所以,人地关系可以从人地适应的观点来讨论。由此他把人文地理学分为种族地理学、经济地理学、社会地理学和政治地理学等四个方面,并认为这四个方面都是论述人类社会活动对环境的适应能力的。

➢三、相关论(交替作用论、生态论、共创论)

相关论的基本观点既不突出地理环境对人类社会作用的重要性,也不夸大人在人地相互作用中的主观能动作用,而强调人与地在相互作用过程中其作用的对等性。唐代刘禹锡(722—842 年)认为,"天与人交相胜,还相用",主张人地相关论。美国著名地理学家巴罗斯(1877—1960 年)于 1923 年发表题为《人类生态学》的文章,提出地理学以人类与环境关系的研究为己任,所以地理学可称之为"人类生态学",着重于人类生态问题研究。他认为地理学必须从头到尾按人地关系的正常顺序来解释人地关系。巴罗斯观点的核心是强调在人地作用研究中,应注重人地作用的动态过程,即人类反应过程的认识。人地作用是随时间的变化而变化的过程,需要认识每一时间剖面的详细情形。

进入 20 世纪 50 年代,随着生产关系决定论的衰落,相关论在苏联兴起。著名地理学家索恰瓦在其著作《地理系统学说导论》中提出"共创论",认为"所谓人类与自然共同创造,是指人类对于提高自然力的有益作用的努力和潜藏在自然界中一切有益的可能性的发挥"。20 世纪 70 年代以后,人地相关论成为苏联人地关系论的主流。

法国著名地理学家白吕纳(1869—1930 年)在 1925 年出版的《人地学原理》中指出:"自然是固定的、人文是无定的,两者之间的关系常随时间而变化。"他还把人类在地球表面活动的基本材料归纳为"三纲六目",认为地理学就是在各个特殊地区内研究这些事实,揭示他们在自然环境与社会环境中的相互依赖关系。他提出"天定足以胜人,人定亦足以胜天"的人地相关思想。

基于牛顿力学第三定律"作用力与反作用力"原理的一种观点认为:"人类作用于地理环境的程度越深,反而受地理环境的反作用的程度也越广泛越深刻。"

上述各种理论观点蕴含着一个基本思想,就是在人—地这对矛盾统一体发展过程中,它们二者各自的作用是对等的、相关的。

➤ 四、可能论

可能论是由法国著名地理学家维达尔·白兰士(1845—1918 年)在其著作《人生地理学原理》中提出的。他认为地理环境对人类社会发展等方面的影响,只是提供了各种可能性,而人类在创造他们居住地的时候,则是按照他们的需要、愿望和能力来利用这种可能性。也就是说,环境包含着许多可能性,它们被利用、实现的那种可能性,则完全取决于人类的选择能力。法国历史学家吕西安·费弗尔归纳了白兰士的观点,写道:"自然界没有必然,到处都存在着机遇,人类是这种机遇的主宰,可以自由支配它们,由此可居于自然之上。"因而,白兰士的理论被称为可能论(或或然论)。

➤ 五、唯意志论

如果说地理环境决定论是一种极端的人地观,那么,唯意志论是另一种极端人地观。唯意志论主要表现为唯神论、人定胜天论、文化决定论和生产关系决定论等。这些理论完全否定地理环境对人类社会的重要作用,无限夸大人或"神"的"威力"。欧洲进入中世纪天主教统治的黑暗时代后,神学代替了一切,认为天地日月星辰,包括人本身都是上帝创造的,这一思想也充斥于人地关系认识论中。明末清初的顾祖禹(1631—1692 年)在其《读史文舆纪要》中提出了人定胜天的思想。生产关系决定论不仅完全否定了地理环境的作用,而且忽视了生产力的重要作用,认为生产关系的变革和反作用可以超越地理环境决定一切。这一理论在斯大林时期的苏联盛行。

综上所述,人类社会进入文明历史阶段后,始终关注人地关系是因为人地关系与地理环境对人类社会的发展具有重要作用。虽然这些理论相互有别甚至对立,至今学术界也没有广泛认可其中的一个,但是它们都试图揭示人地关系的实质,都是人类关于人地关系实质认识的理论总结,也是我们研究人地关系理论的基础和起点。

谈到人地关系理论,不能不提到 20 世纪 60 年代西方首先提出来的"人地和谐论"。

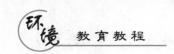

首先,这一理论没有解释人地矛盾双方主、次问题。其次,人地关系实质是指客观存在的人地关系形成发展的内在机制。它是客观正确解释人地关系现状、协调人地关系的依据。就现状而言,当今世界人地关系并非和谐。也就是说,和谐不是人地关系的实质。恰恰相反,人地矛盾日趋尖锐。这是加强人地关系研究的客观要求。因此,确切地说,"人地和谐"不是关于人地关系实质问题的一种理论观点,而是协调人地关系的一项原则。

当今世界各地区面临着共同的、紧迫的可持续发展问题。可持续发展的实质是协调人地关系。这使人地关系研究成为现代地理学的核心议题,协调人地关系成为现代地理学的主要任务。协调人地关系的前提是揭示人地关系的实质。就是说,只有正确解释人地关系形成发展的内在机制,才能有效协调人地关系。然而,对人地关系实质问题至今没有一个令人满意的解释,这就增加了协调人地关系的困难。因此,地理学应当重点研究人地关系的实质问题,提出与现代科学技术发展水平相适应的、能够指导协调人地关系实践活动的理论观点,为人类社会顺利实现可持续发展服务。

第三节 可持续发展理论

➤一、可持续发展理论的提出

现代可持续发展思想的产生源于工业革命后,人类生存发展所需的环境和资源遭到日益严重的破坏,人类开始用驻足全球的眼光看待环境问题,并对人类前途的问题展开了大论战。从 20 世纪 60 年代《寂静的春天》开始,经过增长有无极限的争论,到 1972 年第一次召开联合国人类环境会议,人们对环境问题日益担忧和重视。而从 1981 年美国世界观察研究所所长布朗(Brown)先生的《建设一个可持续发展的社会》一书问世,到 1987 年《我们共同的未来》的发表,表明世界各国对可持续发展理论研究在不断地深入。1992 年 6 月,联合国环境与发展大会在巴西里约热内卢召开,大会通过的《21 世纪议程》更是高度凝聚了当代人对可持续发展理论认识深化的结晶。

(一)早期的反思——《寂静的春天》

20 世纪中叶,随着环境污染的日趋严重,特别是西方国家公害事件的不断发生,环境问题日益成为困扰人类生存和发展的一个突出问题。20 世纪 50 年代末,美国海洋生物学家蕾切尔·卡逊在潜心研究美国使用杀虫剂所产生的种种危害之后,于 1962 年发表了环境保护科普著作《寂静的春天》。她向世人呼吁,我们长期以来一直行驶的这条发展道路容易使人错认为是一条舒适、平坦的超级公路,而实际上,在这条道路的终点却有灾难在等待着,这条路的另一个岔路——一条"很少有人走过的"岔路——为我们提供了最后唯一的机会以保住我们的地球。但这"另一个岔路"究竟是什么样的道路,卡逊没有确切地提出,但作为环境保护的先行者,卡逊的思想在世界范围内引发了人类对自身行为和观念的深入反思。

（二）一服清醒剂——《增长的极限》

1968 年，来自世界各国的几十位科学家、教育家和经济学家等聚会罗马，成立了一个非正式的国际协会——罗马俱乐部（The Club of Rome）。它的工作目标是：研究和探讨人类面临的共同问题，使国际社会对人类面临的社会、经济、环境等诸多问题有更深入的理解，并在现有全部知识的基础上推动采取能扭转不利局面的新态度、新政策和新制度。受俱乐部的委托，以麻省理工学院 D. 梅多斯（Dennis L. Meadows）为首的研究小组，针对长期流行于西方的高增长理论进行了深入的研究，并于 1972 年提交了俱乐部成立后的第一份研究报告——《增长的极限》。报告深刻阐明了环境的重要性以及资源与人口之间的基本关系。报告认为：由于世界人口增长、粮食生产、工业发展、资源消耗和环境污染这五项基本因素的运行方式是指数增长而非线性增长，如果目前人口和资本的快速增长模式继续下去，世界将会面临一场"灾难性的崩溃"。也就是说，地球的支撑力将会达到极限，经济增长将发生不可控制的衰退。因此，要避免因超越地球资源极限而导致世界崩溃的最好方法是限制增长，即"零增长"。《增长的极限》一发表，在国际社会特别是在学术界引起了强烈的反响。该报告在促使人们密切关注人口、资源和环境问题的同时，因其反增长的观点而遭受到尖锐的批评和责难，从而引发了一场激烈的、旷日持久的学术之争。一般认为，由于种种因素的局限，《增长的极限》的结论和观点，存在十分明显的缺陷。但是，报告指出的地球潜伏着危机、发展面临着困境的警告无疑给人类开出了一服清醒剂，其积极意义毋庸置疑。《增长的极限》曾一度成为当时环境运动的理论基础，有力地促进了全球的环境运动，其中所阐述的"合理的、持久的均衡发展"，为可持续发展思想的产生奠定了基础。

（三）全球的觉醒——联合国人类环境会议

1972 年，斯德哥尔摩召开了联合国人类环境会议，共同讨论环境对人类的影响问题。这是人类第一次将环境问题纳入世界各国政府和国际政治的事务议程。大会通过的《人类环境宣言》宣布了 37 个共同观点和 26 项共同原则。作为探讨保护全球环境战略的第一次国际会议，联合国人类环境大会的意义在于唤起了各国政府对环境污染问题的觉醒和关注。它向全球呼吁：现在，我们在决定世界各地的行动时，必须更加审慎地考虑它们对环境产生的后果，由于无知或不关心，我们可能会给地球环境造成巨大而无法换回的损失，因此，保护和改善人类环境是关系到全世界各国人民的幸福和经济发展的重要问题，是世界人民的迫切希望和各政府的艰巨责任，也是人类的紧迫目标，各国政府和人民必须为全体人民及其后代的利益而做出共同的努力。尽管大会对环境问题的认识还比较粗浅，也尚未确定解决环境问题的具体途径，尤其是没能找出问题的根源和责任，但它正式吹响了人类共同向环境问题挑战的进军号，使各国政府和公众的环境意识，无论是在广度上还是在深度上都向前大大地迈进了一步。

（四）可持续发展的提出——《我们共同的未来》

20 世纪 80 年代伊始，联合国成立了以时任挪威首相布伦特兰夫人（G. H. Brundland）为主席的世界环境与发展委员会（WECD），以制定长期的环境对策，帮助国际社会确立更加有效的解决环境问题的途径和方法。经过3年多的深入研究和充分论证,该委员会于1987年向联合国大会提交了经过充分论证的研究报告——《我们共同的未来》。报告将注意力集中于人口、粮食、物种和遗传资源、能源、工业和人类居住等方面,在系统探讨了人类面临的一系列重大经济、社会和环境问题之后,正式提出了"可持续发展"的模式。报告深刻地指出,在过去,我们关心的是经济发展对生态环境带来的影响,而现在,我们正迫切地感到生态压力对经济发展所带来的重大制约。因此,我们需要有一条崭新的发展道路,这条道路不是一条只能在若干年内、在若干地方支持人类进步的道路,而是一条直到遥远的未来都能支持全人类共同进步的道路——"可持续发展道路",这实际上就是卡逊在《寂静的春天》里没能提供答案的"另一条岔路"。布伦特兰鲜明、创新的科学观点,把人们从单纯考虑环境保护的角度引导到环境保护与人类发展相结合的角度,体现了人类在可持续发展思想认识上的重要飞跃。

(五)重要的里程碑——联合国环境与发展大会

1992年6月,联合国环境与发展大会在巴西里约热内卢召开,共有183个国家的代表团和70个国际组织的代表出席了会议,102位国家元首或政府首脑到会讲话。此次会议上,可持续发展得到了世界最广泛和最高级别的政治承诺,并通过了《里约环境与发展宣言》和《21世纪议程》两个纲领性文件。前者提出了实现可持续发展的27条基本原则,旨在保护地球永恒的活力和整体性,建立一种全新的、公平的"关于国家和公众行为的基本准则",它是开展全球环境与发展领域合作的框架性文件;后者旨在建立21世纪世界各国在人类活动对环境产生影响的各个方面的行动规则,为保障人类共同的未来提供一个全球性措施的战略框架,它是世界范围内可持续发展在各个方面的行动计划。此外,各国政府代表还签署了联合国《气候变化框架公约》等国际文件及有关国际公约。大会为人类走可持续发展之路作了总动员,使人类迈出了跨向新文明时代的关键性一步,为人类的可持续发展矗立了一座重要的里程碑。

➤二、可持续发展的理论

(一)基础理论

1.经济学理论

(1)增长的极限理论。增长的极限理论是D. H. Meadows在其《增长的极限》一文中提出的有关可持续发展的理论,该理论的基本要点是:运用系统动力学的方法,将支配世界系统的物质关系、经济关系和社会关系进行综合,提出了人口不断增长、消费日益提高,而资源则不断减少、污染日益严重,制约了生产的增长的观点;虽然科技不断进步能起到促进生产的作用,但这种作用是有一定限度的,因此生产的增长是有限的。

(2)知识经济理论。该理论认为经济发展的主要驱动力是知识和信息技术,知识经济将是未来人类的可持续发展的基础。

2.可持续发展的生态学理论

所谓可持续发展的生态学理论是指根据生态系统的可持续性要求,人类的经济社会发展要遵循生态学三个定律:一是高效原理,即能源的高效利用和废弃物的循环再生产;二是和谐原理,即系统中各个组成部分之间的和睦共生,协同进化;三是自我调节原理,即协同的演化着眼于其内部各组织的自我调节功能的完善和持续性,而非外部的控制或结构的单纯增长。

3.人口承载力理论

所谓人口承载力理论是指地球系统的资源与环境,由于自身自组织与自我恢复能力存在一个阈值,在特定技术水平和发展阶段下对于人口的承载能力是有限的。人口数量以及特定数量人口的社会经济活动对于地球系统的影响必须控制在这个限度之内,否则,就会影响或危及人类的持续生存与发展。

4.人地系统理论

所谓人地系统理论,是指人类社会是地球系统的一个组成部分,是生物圈的重要组成,是地球系统的主要子系统。它是由地球系统所产生的,同时又与地球系统的各个子系统之间存在相互联系、相互制约、相互影响的密切关系。人类社会的一切活动,包括经济活动,都受到地球系统的气候(大气圈)、水文与海洋(水圈)、土地与矿产资源(岩石圈)及生物资源(生物圈)的影响,地球系统是人类赖以生存和社会经济可持续发展的物质基础和必要条件;而人类的社会活动和经济活动,又直接或间接影响了大气圈(大气污染、温室效应、臭氧洞)、岩石圈(矿产资源枯竭、沙漠化、土壤退化)及生物圈(森林减少、物种灭绝)的状态。人地系统理论是地球系统科学理论的核心,是陆地系统科学理论的重要组成部分,是可持续发展的理论基础。

(二)核心理论

1.资源永续利用理论

资源永续利用理论流派的认识论基础在于:认为人类社会能否可持续发展决定于人类社会赖以生存发展的自然资源是否可以被永远地使用下去。基于这一认识,该流派致力于探讨使自然资源得到永续利用的理论和方法。

2.外部性理论

外部性理论流派的认识论基础在于:认为环境日益恶化和人类社会出现不可持续发展现象和趋势的根源,是人类迄今为止一直把自然(资源和环境)视为可以免费享用的"公共物品",不承认自然资源具有经济学意义上的价值,并在经济生活中把自然的投入排除在经济核算体系之外。基于这一认识,该流派致力于从经济学的角度探讨把自然资源纳入经济核算体系的理论与方法。

3.财富代际公平分配理论

财富代际公平分配理论流派的认识论基础在于:认为人类社会出现不可持续发展现象和趋势的根源是当代人过多地占有和使用了本应属于后代人的财富,特别是自然财富。基于这一认识,该流派致力于探讨财富(包括自然财富)在代与代之间能够得到公平分配的理论和方法。

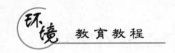

4.三种生产理论

三种生产理论流派的认识论基础在于：人类社会可持续发展的物质基础在于人类社会和自然环境组成的世界系统中物质的流动是否通畅并构成良性循环。他们把人与自然组成的世界系统的物质运动分为三大"生产"活动，即人的生产、物资生产和环境生产，致力于探讨三大生产活动之间和谐运行的理论与方法。

➢ 三、可持续发展内涵

从全球普遍认可的概念中，我们可以梳理出可持续发展有以下几个方面的丰富内涵：

(一)共同发展

地球是一个复杂的巨系统，每个国家或地区都是这个巨系统不可分割的子系统。系统的最根本特征是其整体性，每个子系统都和其他子系统相互联系并发生作用，只要一个系统发生问题，都会直接或间接影响到其他系统的紊乱，甚至会诱发系统的整体突变，这在地球生态系统中表现最为突出。因此，可持续发展追求的是整体发展和协调发展，即共同发展。

(二)协调发展

协调发展包括经济、社会、环境三大系统的整体协调，也包括世界、国家和地区三个空间层面的协调，还包括一个国家或地区经济与人口、资源、环境、社会以及内部各个阶层的协调。可持续发展源于协调发展。

(三)公平发展

世界经济的发展呈现出因水平差异而表现出来的层次性，这是发展过程中始终存在的问题。但是这种发展水平的层次性若因不公平、不平等而引发或加剧，就会因为局部而上升到整体，并最终影响到整个世界的可持续发展。可持续发展思想的公平发展包含两个纬度：一是时间纬度上的公平，即当代人的发展不能以损害后代人的发展能力为代价；二是空间纬度上的公平，即一个国家或地区的发展不能以损害其他国家或地区的发展能力为代价。

(四)高效发展

公平和效率是可持续发展的两个轮子。可持续发展的效率不同于经济学的效率，可持续发展的效率既包括经济意义上的效率，也包含着自然资源和环境的损益的成分。因此，可持续发展思想的高效发展是指经济、社会、资源、环境、人口等协调下的高效率发展。

(五)多维发展

人类社会的发展表现出全球化的趋势，但是不同国家和地区的发展水平是不同的，而且不同国家和地区又有着异质性的文化、体制、地理环境、国际环境等发展背景。此外，因为可持续发展又是一个综合性、全球性的概念，要考虑到不同地域实体的可接受性，因此，可持续发展本身包含了多样性、多模式的多维度选择的内涵。因此，在可持续发展这个全球性目标的约束和指导下，各国与各地区在实施可持续发展战略时，应该从国情或区情出发，走符合本国或本区实际的、多样性、多模式的可持续发展道路。

第六章

环境伦理

 教学基本要求

通过本章学习,了解环境伦理的内涵、形成根源、价值根基和理论准则。理解环境伦理教育的必要性、原则和内容。

教学内容

1.环境伦理的含义、形成根源、价值根基与理论准则;

2.环境伦理教育。

第一节　环境伦理概述

➤一、环境伦理的内涵

环境伦理即把伦理学范畴扩展至人与自然生态之间,强调一种新的伦理关系,即人类对于其生存所依赖的自然环境的伦理责任。不论是从人类自身角度出发还是从整个生态系统的完备平衡性出发,作为高等动物的人类都应该要尊重自然,认同相关的环境伦理理念和原则规范,将这种伦理关系内化到自身意识体系之中。所以,环境伦理可以概括为:是研究人与生态环境之间的一种利益分配和善意和解的紧密相关的关系准则,是人与自然的和谐共生的关系准则。同时,也可以将环境伦理认为是关于人与自然关系的伦理信念、道德态度和行为规范。

环境伦理是人为自身立法,不仅意味着环境伦理体现了人性的自我展现和对人之为人的确认,而且还使人平等地尊重和对待一切生命成为意志上的自愿和自觉。可见,环境伦理作为关爱自然的伦理情感,不是从对自然界的理性知识中获得的,而是在从对自然界的感悟中获得的,是一种人性的实现。

➤二、环境伦理的形成根源

许多学者把环境问题归结为文化危机,但这仅仅是针对文化本身而言,是特定时代的主导性文化模式或者是文明模式的失范问题。其实,这种危机是指人类赖以创造文化的

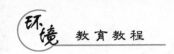

自然环境发生了危机,实质是由人类自身的精神生态或者说是价值观念而生成,最终导致的伦理危机,而伦理的失范和缺失亟待产生一种新的伦理观念,即环境伦理。探究环境伦理形成的根源是十分必要的,其中,环境危机、价值危机和由此引发的伦理危机是环境伦理产生的最重要、最根本的根源。

(一)环境危机

古代虽已出现环境问题,但那时自然环境的自我净化能力尚未被破坏,因此,并不能称之为"困境"。工业革命以后,特别是经济高速发展的 20 世纪以来,环境问题已从区域性扩展为全球性,从影响当代人的生存恶化到危及后代人的生存,化学药物污染、大气污染、水污染以及全球气候变暖、酸雨、臭氧空洞等环境问题成为当今社会的中心问题,且有愈演愈烈之势。

人们坚信:人们的活动所受到的任何限制都是暂时的,都不具有终极性,最终都可以通过科学技术的发展得以解决。人类在一条与自然相对抗的道路上,越来越在观念中背离自然,在实践中破坏自然。复杂性的因素交互作用,使环境问题日趋严重。从此,人类在无限性追求唯物质的"体面"中挥霍了人的尊严,而自然环境的被破坏也正源自人类在物欲追求中的精神迷失,精神家园的丧失也意味着生存家园的沦陷。今天,当全球性的环境危机再次将人类推到生死存亡关头之时,只有对造成环境危机的原因进行深刻的反思,才能探寻解决环境问题的出路。

(二)价值危机

工业文明时的科技革命给人类社会带来了惊人的变化,然而这种革命也不断地加剧了日益恶化的人类与环境之间的不平衡关系,致使人类的生存状况遭受到前所未有的挑战和威胁,人类必须对我们所面临的环境危机以及自身的行为标准加以反思。

(三)伦理危机

价值观是伦理观的基础,研究伦理问题的必要环节是对价值问题进行研究。对一个事物是否应该进行伦理的关怀和尽道德的义务,取决于伦理的两端是否具有共同的价值基础,伦理评价依赖于价值评价,因此价值危机必然引发伦理危机。工业文明毫无限度的发展,使这样一幅图景展现在人类面前:自然家园遭到破坏,精神家园逐渐荒芜。环境伦理的产生正是奠基在人们对这种困境所引发的伦理问题的真实关切以及摆脱这种困境的强烈愿望之上。

➤三、环境伦理的价值根基

环境伦理以其价值关怀或理论视野而表现出"普世伦理"的特征,但环境伦理的现实生命力仍然要通过切入人类生存实践的具体展开过程而凸显出来。正如李德顺教授所说:"伦理道德的根基在于它首先是人的现实存在方式、生活方式、实践方式之一,而不是仅仅发生于观念中的东西;因此它必然与人的生存发展实践相联系,并由人的生存发展实践强有力地创生出来。"

(一)生命价值

传统伦理探讨的是人与人之间的社会关系,而在人与自然界存在的有机整体中,人与自然界的存在物是具有同类关系的。人与自然界共有的"生命价值"是构成这一同类关系的价值论基础。人类之所以弘扬保护环境、爱护动植物，是因为它们同人一样，都是一种生命的存在。不仅动物和植物，而且由动植物以及土壤、水等自然因素构成的生物圈也都是生命的存在。大自然是一切生命的摇篮和孕育所有生命的母亲。尊重、热爱和敬畏生命，就必须善待自然、善待地球、善待大地。自然、地球、大地本身就是生命，也是整体的生命存在形态，它们与一切具体的生命形态是母与子的关系。

因此，人和自然界中的存在物都是具有生命价值的存在，是具有同类关系的存在，也是平等的存在。平等成为人与自然之间共处于和谐、理想的伦理秩序和人对待自然界的存在物的生活态度，更是人与自然之间形成伦理关系的基础和价值导向。生命价值是环境伦理的价值前提，在此前提下我们应该像对待自己的生命一样对待一切生命，像对待人自己那样对待自然。

（二）生态价值和环境价值

人们一般把"生态"与"环境"这两个概念等同起来，认为"生态问题"就是"环境问题"。其实，从环境伦理的角度分析，尽管"生态"和"环境"这两个概念就其外延来说都是指自然界，但这两个概念的内涵却是不同的。

"生态"世界观是立足于自然界整体来看待人和自然物的关系问题时产生的。生态价值概念是仅仅立足于自然界的整体提出的，生态价值只有在保持其"存在"时才能实现出来，也就是强调荒野的完整性。而环境价值，指自然界作为人类生存家园的意义。人也是一个生命体，他的生存需要自然物和自然物构成的生态体系，这些就是人生存的环境。作为人类生存不可缺少的条件就是人类的家园，这就是自然对人具有的环境价值。

从荒野到大地，从生态价值到环境价值，人类的自我意识不应仅仅用来强调动物性的一面，而是应当对我们作为一个道德物种这一身份有一种更强烈的自我意识。尤其是当我们作为实现环境价值的一员时，如果人类仍然将自然看作一种机械的、僵死的机器，根据人类的好恶而随意驱使或宰割自然，那么我们将无法摆脱对自然的恶的遵循，继续走向一条不可持续发展、自我毁灭的道路。

四、环境伦理的理论准则

（一）个体生存与类的生存

全人类共同面临的环境危机严重威胁着人类的生产生活。人类对局部自然生态系统的破坏，很有可能危及整个自然生态系统，从而威胁整个人类的生存家园。解决目前困境的出路只能是全人类的统一行动，任何个人、民族和国家都不可能独自解决这一全球性的问题。因此，任何个体的生存都必然依赖于"类"的生存，如果失去了人类的生存条件，任何个人也不可能生存下去。为此，我们的价值原则也必然实现从个人本位向类本位的转变，我们的社会发展更应当实现从个人本位社会向类本位社会的转变，只有如此才能为解决环境危机提供出路。

类的生存的伦理准则要求实现全人类的共同发展，实现全人类的可持续发展与平等

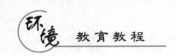

发展。因此,这种伦理原则要求对人类自身的实践行为进行约束和规范,以人类世代的可持续发展为终极目标,以整个人类的生存利益为价值尺度,是把人的发展与自然的阈限内在统一起来的全新的伦理原则。

(二)人类的可持续生存和发展

可持续发展是在环境危机等人类生存危机严重威胁着人类生存的历史条件下逐步形成的。实现人类的可持续生存和发展就是使当代人满足自身需要的同时,不侵犯后代人生存和发展的权利,这也是人类生存与发展的可持续性原则。此外,可持续发展还包含了一些共同的基本原则,这些原则也体现了可持续发展的基本思想。

首先,公平性原则。它包括同代人的公平、代际间的公平及资源分配与利用的公平。

其次,持续性原则。它要求人类的经济和社会发展不能超越资源与环境的承载能力,这也是可持续发展的最初动因。

再次,共同性原则。由于地球生态环境是一个整体,而各国的发展又愈来愈紧密,这种整体性和相互依赖性则要求全球联合行动,因为环境问题已经不再只是一个国家的内部事务,每一个国家的发展都会影响到其他国家。可持续发展应该是全球共同的发展,离开了全球各个文化实体的协作和共同行动,可持续发展就会落空。

第二节 环境伦理教育

➤一、环境伦理教育的内涵

环境伦理教育作为环境伦理的传播弘扬过程,是一个"生态人格"的塑造过程,是一个认识价值和澄清概念的教育过程,是素质教育和人格教育、社会教育和全民教育、继续教育和终身教育的有机统一体。

环境伦理教育作为德育教育的一个重要范畴,有利于提高受教育者的环境意识,帮助人们形成正确的伦理判断能力和环境价值观,理解保护地球资源的义务和提高环境质量的责任,在维护人类与环境和谐的同时,实现人类社会的科学发展。环境伦理教育在促进人的全面发展、加强环境保护实践、实施可持续发展和生态文明建设中具有独特的重要地位,是全人类共同应对环境危机的紧迫任务。

环境伦理教育是改变人生观、价值观和世界观,促使环境伦理原则、环境道德规范和环境价值准则向个人道德品质转化的最有效教育途径,是塑造环境伦理精神品格的根本教育措施。人与自然协同进化是环境伦理教育的基本原则,尊重自然环境的存在权利和潜在价值是环境伦理教育的基本立场。

➤二、环境伦理教育的必要性

(一)解决生态危机的客观要求

随着人类不断探索新的科学领域,科学知识得到空前的积累,科学技术也日新月异,这些因素推动了生产力的飞速发展,并改变着整个世界。然而,在人类步入现代化的过程中,造成了环境的严重污染与破坏,随之而来的危害也日益凸显出来,严重威胁到人类生活的各个方面。据统计,20世纪末,全世界经济增长、能源消耗、资源消费等指标比16世纪初增大了成百上千倍,温室效应、酸雨、臭氧洞、水源枯竭、资源耗尽、沙漠化、环境污染、物种灭绝、天灾频发、人口膨胀等环境问题威胁到人类的可持续发展。随着全球性环境问题的恶化,生态危机开始倍受世界关注。如何解决好生态问题,如何处理好人与自然的关系,这是不同国家不同民族当今共同面临的一项重大课题。

20世纪50年代初,中国追随苏联工业化的脚步,实现了工业高增长,但随之而来的是能源的高消耗及其对环境的高污染。20世纪80年代以来,中国实施改革开放,计划经济逐步被市场经济所代替,中国步入了一个长达20多年的经济高速增长时期,但资源消耗和环境污染也达到了急速恶化的地步。当代全球环境问题比如温室效应、生物多样性消失、水源枯竭等,在我国都存在,而且相当严重。据调查,中国1/3国土被酸雨侵害。被监测的343个城市中,3/4的居民呼吸着不洁净的空气。全球污染最严重的10个城市,我国占一半。中国水资源仅为世界平均水平的1/5,而污染更使水资源的日益短缺问题雪上加霜。七大江河水系中劣五类水质占41%;城市河段90%以上遭受严重污染;海河、辽河和淮河的有机污染已经不亚于英国污染最严重时期的泰晤士河;全国尚有3.6亿农村人口喝不上符合卫生标准的水。我国西部地区由于地区本身生态环境的脆弱性和人类不合理开发利用的双重原因,生态环境恶化呈现加速趋势。

环境问题虽然表现在环境系统的变化上,但追溯其根源,却是源于人类社会的生存方式和生产方式上,或者说在于人与自然关系的处理上。自人类诞生以来,人类就始终在环境之中并依赖于环境而生存,正如恩格斯指出的:"人本身是自然界的产物,是在他们的环境中并且和这个环境一起发展起来的。"人在自然界中处于何种地位的问题,是一个前提性的问题,因为它直接关系到人对自然界的义务和责任。马克思提出:"自然界是人的无机的身体。"首先可以肯定的是,人是自然界的产物,自然界的产生和人的形成都是一个自然历史过程。人类出现后便使自然界打上了人的实践活动的印记,从而出现了自然界的人化过程,在人类进化和自然界人化所构成的统一过程的不同阶段,产生了不同的人类文明。与此相对应,人和自然的关系也经历了不同的历史阶段,每一个阶段都有其特殊的性质,体现出人对自然的观念把握的深化,人和自然的物质关系的变革,以及由此引起的人与自然在其对立统一关系中地位的转化等。

要解决这些问题,一方面,要加强科学研究,加深对人和自然之间关系的认识,挖掘人与自然良性互动的规律,在自然面前采取明智之举。另一方面,还必须调动人类理性的力量来调节人与自然关系,有意识地控制人对自然的盲目行为。马克思早就把人与自然的关系视为道德观念应当反映的现实关系之一,他指出:"这些个人所产生的观念,是关于他们同自然界的关系,或者是关于他们之间的关系,或者是关于他们自己肉体组织的观念。"当今世界树立一种人与自然和谐的生态伦理观,已成为一个举世瞩目的课题,人们在预测未来时总是将环境、生态和资源等列为人类亟待解决的议题,并要求建立一种"新的世界

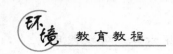

意识"，确立"利用物质资源的新的伦理观"，即建立人与自然界和谐关系，不再把人类与自然的关系视为征服与被征服的关系。为了顺应时代要求，我国也在加强研究，探寻造成环境恶化的各种原因，寻找保护环境的有效办法。而环境伦理则是环境保护的重要组成部分，它已成为当今时代的重要课题。通过环境伦理教育来掌握环境伦理，进一步正确认识人与自然的关系，并用人类认同的环境伦理原则和环境伦理规范来约束自己的环境行为，已成为不可阻挡的世界性潮流。

（二）推动生态环境保护发生历史性、转折性、全局性变化的需要

习近平总书记指出，总体上看，我国生态环境质量持续好转，呈现了稳中向好趋势，但成效并不稳固。生态文明建设正处于压力叠加、负重前行的关键期，已进入提供更多优质生态产品以满足人民日益增长的优美生态环境需要的攻坚期，也到了有条件、有能力解决生态环境突出问题的窗口期。我国经济已由高速增长阶段转向高质量发展阶段，需要跨越一些常规性和非常规性关口。我们必须咬紧牙关，爬过这个坡，迈过这道坎。

习近平总书记强调，生态环境是关系党的使命宗旨的重大政治问题，也是关系民生的重大社会问题。广大人民群众热切期盼加快提高生态环境质量。我们要积极回应人民群众所想、所盼、所急，大力推进生态文明建设，提供更多优质生态产品，不断满足人民群众日益增长的优美生态环境需要。

（三）贯彻坚持新时代推进生态文明建设原则的需要

在习近平总书记的讲话里面，关于生态文明建设提出了"六大原则"，这"六大原则"其实也是一个理念。它既是理念，也是原则。一是坚持人与自然和谐共生，坚持节约优先、保护优先、自然恢复为主的方针，像保护眼睛一样保护生态环境，像对待生命一样对待生态环境，让自然生态美景永驻人间，还自然以宁静、和谐、美丽。二是绿水青山就是金山银山，贯彻创新、协调、绿色、开放、共享的发展理念，加快形成节约资源和保护环境的空间格局、产业结构、生产方式、生活方式，给自然生态留下休养生息的时间和空间。三是良好生态环境是最普惠的民生福祉，坚持生态惠民、生态利民、生态为民，重点解决损害群众健康的突出环境问题，不断满足人民日益增长的优美生态环境需要。四是山水林田湖草是生命共同体，要统筹兼顾、整体施策、多措并举，全方位、全地域、全过程开展生态文明建设。五是用最严格制度最严密法治保护生态环境，加快制度创新，强化制度执行，让制度成为刚性的约束和不可触碰的高压线。六是共谋全球生态文明建设，深度参与全球环境治理，形成世界环境保护和可持续发展的解决方案，引导应对气候变化国际合作。

（四）构建新时代生态文明体系的需要

习近平总书记强调，要加快构建生态文明体系，加快建立健全以生态价值观念为准则的生态文化体系，以产业生态化和生态产业化为主体的生态经济体系，以改善生态环境质量为核心的目标责任体系，以治理体系和治理能力现代化为保障的生态文明制度体系，以生态系统良性循环和环境风险有效防控为重点的生态安全体系。要通过加快构建生态文明体系，确保到 2035 年，生态环境质量实现根本好转，美丽中国目标基本实现。到 21 世纪中叶，物质文明、政治文明、精神文明、社会文明、生态文明全面提升，绿色发展方式和生

活方式全面形成，人与自然和谐共生，生态环境领域国家治理体系和治理能力现代化全面实现，建成美丽中国。

习近平总书记指出，要全面推动绿色发展。绿色发展是构建高质量现代化经济体系的必然要求，是解决污染问题的根本之策。重点是调整经济结构和能源结构，优化国土空间开发布局，调整区域流域产业布局，培育壮大节能环保产业、清洁生产产业、清洁能源产业，推进资源全面节约和循环利用，实现生产系统和生活系统循环链接，倡导简约适度、绿色低碳的生活方式，反对奢侈浪费和不合理消费。

（五）落实解决突出生态环境问题作为民生优先领域的需要

习近平总书记强调，坚决打赢蓝天保卫战是重中之重，要以空气质量明显改善为刚性要求，强化联防联控，基本消除重污染天气，还老百姓蓝天白云、繁星闪烁。要深入实施水污染防治行动计划，保障饮用水安全，基本消灭城市黑臭水体，还给老百姓清水绿岸、鱼翔浅底的景象。要全面落实土壤污染防治行动计划，突出重点区域、行业和污染物，强化土壤污染管控和修复，有效防范风险，让老百姓吃得放心、住得安心。要持续开展农村人居环境整治行动，打造美丽乡村，为老百姓留住鸟语花香田园风光。

（六）加快推进生态文明体制改革的需要

习近平总书记指出，要有效防范生态环境风险。生态环境安全是国家安全的重要组成部分，是经济社会持续健康发展的重要保障。要把生态环境风险纳入常态化管理，系统构建全过程、多层级生态环境风险防范体系。

习近平总书记强调，要提高环境治理水平。要充分运用市场化手段，完善资源环境价格机制，采取多种方式支持政府和社会资本合作项目，加大重大项目科技攻关，对涉及经济社会发展的重大生态环境问题开展对策性研究。要实施积极应对气候变化国家战略，推动和引导建立公平合理、合作共赢的全球气候治理体系，彰显我国负责任大国形象，推动构建人类命运共同体。

➤三、环境伦理教育的原则

环境伦理教育是环境教育与素质教育的有机融合，同时也是提高科学文化素质与思想道德素养的关键手段。环境伦理教育应遵循一些指导原则，具体如下：

（一）"人、社会与环境"的共生互存原则

"人、社会与环境"的共生原则是基于其生态状况与亲生命性的本质而决定的，而且其主要是指遵守"有限原理和限度法则"。在环境伦理教育过程中实施"人、社会与环境"的共生原则，可以从以下两方面入手：

首先，人类要停止对自然"征战"的步伐，回归理性生存方式。

其次，让社会回归自然，而且社会应该构建以生命平等伦理原则为核心的行为规范，发展低碳、绿色、节能、环保和循环的生态经济模式。

将以自然"立法者"自居的人类培养成为环境的"看护者"，最终实现人、社会与环境的和谐共生。总之，环境伦理教育要始终遵守"人、社会与环境"共生互存原则，它既是实践

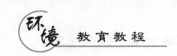

的行为准则,又是行为的内在规范,并最终会通过人类自身与社会两个方面的努力发挥重要作用。

(二)"可持续生存方式发展"的导向原则

"可持续生存方式发展"的导向原则有多层含义,具体如下:

首先,它明确了生存与发展的关系。可持续生存方式发展强调生存的根本性,强调生存是发展的前提、基础和动力。没有生存,不可能有发展。

其次,发展只能是为了更好地生存。所以,生存不仅是发展的前提、基础、动力,还是发展的归属。

最后,可持续生存方式发展,是指在实现可持续生存基础上的发展,是为了不断强化和在更高水平上保障可持续生存的发展。

环境教育实质上是以可持续生存方式发展原则为牵引的行动,它的实践本身就是以永续发展为目标的伦理设定。可持续生存式发展的伦理规范无论在目标实质上还是在实现过程中,都与环境伦理教育的实施原则是一致的。所以,"可持续生存方式发展"必然构成环境伦理教育的原则。环境伦理教育过程中,也要始终坚持这一原则的指导,要以时代需要为导向,以培养出能够解决环境问题、具有看护环境能力和可持续生存方式发展观念的社会精英为己任。

(三)"利用厚生、简朴生活"的规范原则

培养大学生利用厚生和俭朴生活的生存方式是更好实现改善环境目的的基本路径。通过教化,学生要摆脱物质主义的掣肘,学会善待自然环境、善待地球生命,并以拥有"厚生"之德为追求。将此原则应用到日常生活中,可以从两个方面入手:第一,学会与其他生命和谐共处,善待自然环境。因为它们也是地球生命的组成部分,是自然生态系统不可或缺的一员,只有尽可能地善待一切资源,才能有益于人类的永续发展。第二,要勤俭节约,俭以养德。自古以来节俭都是中华民族的传统美德,要适时地摒弃物质攀比与追求高消费等不良风气,限度生存、简朴生活才能有益于环境问题的改善。

总之,只有真正将上述三个指导原则应用于环境伦理教学实施过程中,才能培养出更多的拥有生态智慧的大学生,从而推动我国环保事业的发展与环境问题的改善。

➢四、环境伦理教育的内容

(一)环境政策教育

环境政策教育,主要指通过教育手段,使人们对当前国家关于环境问题出台的一些政策条例有一定的了解和认识,进而达到环境政策深入人心的效果。主要表现在国家和政府关于环境治理、生态保护相关的决定、决议、通知、纲领、宣言等形式,这部分的内容相对于其他内容较特殊,起着高度的引领作用。同时从其特殊性来讲,政策起作用主要依靠宣传教育,因而将其纳入环境伦理教育内容中是很有必要的。环境政策教育要求重视国家政府出台的相关环境治理意见、建议,将其纳入政策教育的内容中来指导学生了解当前环境问题现状以及国家的应对措施,进而积极配合相关的治理行动,将关于公共资源的伦理

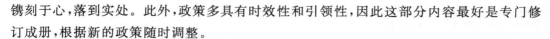

镌刻于心，落到实处。此外，政策多具有时效性和引领性，因此这部分内容最好是专门修订成册，根据新的政策随时调整。

（二）生态法治教育

生态法治教育主要是与环境相关的法律法规教育，比如《中华人民共和国环境保护法》是专门关于保护改善环境、防止污染与其他公害的法律规范文件，同时我国关于自然环境的法律也体现在其他法律中，比如《中华人民共和国宪法》《中华人民共和国民法通则》《中华人民共和国刑法》中都有相关的规定。此外，还具体包括不同领域的法律，比如物种方面的《中华人民共和国野生动物保护法》《中华人民共和国畜牧法》《中华人民共和国动物防疫法》等具体的法律。值得一提的是，新的《中华人民共和国野生动物保护法》中首次认可了动物的福利，且在法律条文中有相关明确的规定，增加了四种违法行为的情形，同时法律责任也更加严厉。另外，中国目前正在起草的"反虐待动物法"也是环境政策教育的中心内容；环境污染方面的各类污染防治法，从固体到气体都为环境污染防治提供了切实的法律保护；生态自然层面中同样对森林、草原、海洋等起草通过了专门保护法，都从不同方面使学生认识到人与自然环境之间的权利义务关系。

法治教育已经成为当前教育不可缺少的一个部分，生态伦理教育也不能仅仅依靠道德引导，法律层面给予的规范、惩戒作用同样重要。在环境伦理教育内容中加入环境法治相关内容，学生可在学习中明确人类关于自然物种与生态环境的行为限度，明确违反相关环境法律的惩处力度，进而从外部约束自身行为，达到教育和引导的作用。

（三）新时代生态文明新思想

习近平生态文明思想，是新思想的重要组成部分和核心内涵。2018 年 5 月 18 日至 19 日召开的全国生态环境保护大会上，习近平总书记对全面加强生态环境保护，坚决打好污染防治攻坚战，作出了系统部署和安排，"习近平生态文明思想"这一重大理论成果由此确立。

当前，这一思想成为我们打好打赢污染防治攻坚战的根本遵循和最高准则。2018 年第 12 期《求是》文章《以习近平生态文明思想为指导坚决打好打胜污染防治攻坚战》深刻剖析了这一思想背后的深刻理论逻辑。

"习近平生态文明思想"进一步丰富了坚持和发展中国特色社会主义的总目标、总任务、总体布局、战略布局和发展理念、发展方式、发展动力等，深刻回答了"为什么建设生态文明""建设什么样的生态文明""怎样建设生态文明"等重大理论和实践问题。

"习近平生态文明思想"集中体现为"生态兴则文明兴"的深邃历史观，"人与自然和谐共生"的科学自然观，"绿水青山就是金山银山"的绿色发展观，"良好生态环境是最普惠的民生福祉"的基本民生观，"山水林田湖草是生命共同体"的整体系统观，"实行最严格生态环境保护制度"的严密法治观，"共同建设美丽中国"的全民行动观，"共谋全球生态文明建设之路"的共赢全球观。

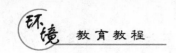

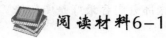

阅读材料6-1

生态兴则文明兴，生态衰则文明衰

生态兴则文明兴，生态衰则文明衰。绵延5000多年的中华文明孕育了丰富的生态文化。党的十八大以来，以习近平同志为核心的党中央提出一系列新理念新思想新战略，形成习近平生态文明思想，为新时代推进生态文明建设提供了重要遵循。

一、绿水青山就是金山银山

2015年5月，习近平总书记赴浙江省舟山市考察调研。在定海区新建社区同村民座谈时习近平总书记指出："我在浙江工作时说'绿水青山就是金山银山'，这话是大实话，现在越来越多的人理解了这个观点，这就是科学发展、可持续发展，我们就要奔着这个做。"

2013年9月7日，习近平总书记在哈萨克斯坦纳扎尔巴耶夫大学回答学生问题时指出，我们既要绿水青山，也要金山银山。宁要绿水青山，不要金山银山，而且绿水青山就是金山银山。

2014年3月7日，习近平总书记在参加全国两会贵州代表团审议时进一步指出，绿水青山和金山银山绝不是对立的，关键在人，关键在思路。

2018年5月，习近平总书记在全国生态环境保护大会上强调，绿水青山就是金山银山，贯彻创新、协调、绿色、开放、共享的发展理念，加快形成节约资源和保护环境的空间格局、产业结构、生产方式、生活方式，给自然生态留下休养生息的时间和空间。

二、生态兴则文明兴，生态衰则文明衰

2013年5月24日，习近平总书记在中共中央政治局第六次集体学习时指出，建设生态文明，关系人民福祉，关乎民族未来。党的十八大把生态文明建设纳入中国特色社会主义事业五位一体总体布局，明确提出大力推进生态文明建设，努力建设美丽中国，实现中华民族永续发展。这标志着我们对中国特色社会主义规律认识的进一步深化，表明了我们加强生态文明建设的坚定意志和坚强决心。

2018年4月2日，习近平总书记在北京市通州区张家湾镇参加首都义务植树活动时强调，今天，我们来这里植树既是履行法定义务，也是建设美丽中国、推进生态文明建设、改善民生福祉的具体行动。

2018年5月，习近平总书记在全国生态环境保护大会上强调，生态文明建设是关系中华民族永续发展的根本大计。中华民族向来尊重自然、热爱自然，绵延5000多年的中华文明孕育着丰富的生态文化。生态兴则文明兴，生态衰则文明衰。

三、像保护眼睛一样保护生态环境，像对待生命一样对待生态环境

2015年3月6日，习近平总书记在参加全国两会江西代表团审议时指出，环境就是民生，青山就是美丽，蓝天也是幸福。要像保护眼睛一样保护生态环境，像对待生命一样对待生态环境。

2018年5月，习近平总书记在全国生态环境保护大会上强调，坚持人与自然和谐共生，坚持节约优先、保护优先、自然恢复为主的方针，像保护眼睛一样保护生态环境，像对

待生命一样对待生态环境,让自然生态美景永驻人间,还自然以宁静、和谐、美丽。

四、良好生态环境是最普惠的民生福祉

2013 年 4 月,习近平总书记在海南考察工作时指出,保护生态环境就是保护生产力,改善生态环境就是发展生产力。良好生态环境是最公平的公共产品,是最普惠的民生福祉。

2018 年 5 月,习近平总书记在全国生态环境保护大会上指出,良好生态环境是最普惠的民生福祉,坚持生态惠民、生态利民、生态为民,重点解决损害群众健康的突出环境问题,不断满足人民日益增长的优美生态环境需要。

在这次会议上,习近平总书记提出一系列生动形象的生态文明建设目标:

——还老百姓蓝天白云、繁星闪烁;

——还给老百姓清水绿岸、鱼翔浅底的景象;

——让老百姓吃得放心、住得安心;

——为老百姓留住鸟语花香田园风光。

五、生态环境保护是功在当代、利在千秋的事业

2012 年 12 月,习近平总书记在广东考察时谆谆告诫说,我们在生态环境方面欠账太多了,如果不从现在起就把这项工作紧紧抓起来,将来付出的代价会更大。

2013 年 5 月 24 日,习近平总书记在十八届中央政治局第六次集体学习时强调,生态环境保护是功在当代、利在千秋的事业。要清醒认识保护生态环境、治理环境污染的紧迫性和艰巨性,清醒认识加强生态文明建设的重要性和必要性,以对人民群众、对子孙后代高度负责的态度和责任,真正下决心把环境污染治理好、把生态环境建设好,努力走向社会主义生态文明新时代,为人民创造良好生产生活环境。

2018 年 4 月 24 日,习近平总书记在湖北宜昌长江岸边的兴发集团新材料产业园考察时说:"我强调长江经济带建设要共抓大保护、不搞大开发,不是说不要大的发展,而是首先立个规矩,把长江生态修复放在首位,保护好中华民族的母亲河,不能搞破坏性开发。"

六、生态环境是关系党的使命宗旨的重大政治问题,也是关系民生的重大社会问题

2013 年 4 月 25 日,习近平总书记在十八届中央政治局常委会会议上指出,我们不能把加强生态文明建设、加强生态环境保护、提倡绿色低碳生活方式等仅仅作为经济问题。这里面有很大的政治。

2014 年 2 月 25 日,习近平总书记来到北京市规划展览馆考察调研。他表示,"网上有人给我建议,应多给城市留点'没用的地方',我想就是应多留点绿地和空间给老百姓"。

2018 年 5 月,习近平总书记在全国生态环境保护大会上再次强调,生态环境是关系党的使命宗旨的重大政治问题,也是关系民生的重大社会问题。广大人民群众热切期盼加快提高生态环境质量。我们要积极回应人民群众所想、所盼、所急,大力推进生态文明建设,提供更多优质生态产品,不断满足人民群众日益增长的优美生态环境需要。

七、山水林田湖草是生命共同体

2013 年 11 月,习近平总书记对《中共中央关于全面深化改革若干重大问题的决定》

作说明时指出,我们要认识到,山水林田湖是一个生命共同体,人的命脉在田,田的命脉在水,水的命脉在山,山的命脉在土,土的命脉在树。

2018年5月,习近平总书记在全国生态环境保护大会上进一步指出,山水林田湖草是生命共同体,要统筹兼顾、整体施策、多措并举,全方位、全地域、全过程开展生态文明建设。

八、用最严格制度最严密法治保护生态环境

2013年5月24日,在十八届中央政治局第六次集体学习时,习近平总书记指出,只有实行最严格的制度、最严密的法治,才能为生态文明建设提供可靠保障。

2018年5月,习近平总书记在全国生态环境保护大会上再次强调,用最严格制度最严密法治保护生态环境,加快制度创新,强化制度执行,让制度成为刚性的约束和不可触碰的高压线。

九、共谋全球生态文明建设,深度参与全球环境治理

2017年1月,习近平总书记在瑞士日内瓦万国宫出席"共商共筑人类命运共同体"高级别会议并发表主旨演讲时强调,我们应该遵循天人合一、道法自然的理念,寻求永续发展之路。要倡导绿色、低碳、循环、可持续的生产生活方式,平衡推进2030年可持续发展议程,不断开拓生产发展、生活富裕、生态良好的文明发展道路。

2017年10月18日,习近平总书记在作党的十九大报告时指出,引导应对气候变化国际合作,成为全球生态文明建设的重要参与者、贡献者、引领者。

2018年5月,习近平总书记在全国生态环境保护大会上指出,共谋全球生态文明建设,深度参与全球环境治理,形成世界环境保护和可持续发展的解决方案,引导应对气候变化国际合作。

 阅读材料6-2

开辟生态文明建设新境界(深入学习贯彻习近平新时代中国特色社会主义思想)

党的十八大以来,以习近平同志为核心的党中央高度重视生态文明建设,提出了一系列新理念新思想新战略,深刻回答了什么是生态文明、为什么建设生态文明、怎样建设生态文明的重大理论和实践问题,形成了习近平生态文明思想,推动我国生态环境保护发生了历史性、转折性、全局性变化。生态文明建设是一场涉及生产方式、生活方式、思维方式和价值观念的革命性全局性变革,必须深入学习和贯彻落实习近平生态文明思想,把生态文明建设融入经济建设、政治建设、文化建设、社会建设各方面和全过程,不断发展和完善生态文明建设的理论体系和实践体系。

一、揭示推进生态文明建设的时代依据

党的十八大以来,以习近平同志为核心的党中央从建设生态文明是中华民族永续发展千年大计、根本大计的历史高度出发,着眼新时代我国社会主要矛盾变化,把握我国经济发展由高速增长阶段转向高质量发展阶段的基本特征,坚持人与自然和谐共生,坚决打好污染防治攻坚战,开展了一系列根本性、开创性、长远性工作,揭示了大力推进生态文明

建设的时代依据。

　　建设生态文明是中华民族永续发展的千年大计、根本大计。习近平同志在党的十九大报告中指出,建设生态文明是中华民族永续发展的千年大计;在全国生态环境保护大会上指出,生态文明建设是关系中华民族永续发展的根本大计。这些重要论断充分表明以习近平同志为核心的党中央从历史维度和战略高度加快生态文明建设的坚定信念和坚强决心。人与自然是生命共同体,人类对大自然的伤害最终会伤及人类自身,这是无法抗拒的规律。中华民族要实现永续发展和伟大复兴,必须尊重自然、顺应自然、保护自然,认识和把握生态兴则文明兴、生态衰则文明衰的文明发展规律,不断夯实中华民族永续发展和伟大复兴的生态环境基石。

　　新时代社会主要矛盾变化要求更好满足人民日益增长的优美生态环境需要。党的十九大报告提出,中国特色社会主义进入新时代,我国社会主要矛盾已经转化为人民日益增长的美好生活需要和不平衡不充分的发展之间的矛盾。人民日益增长的优美生态环境需要是人民美好生活需要的主要内容,但目前我国的优质生态产品供给还存在明显不足,无法满足人民需要。顺应新时代社会主要矛盾变化,既要创造更多物质财富和精神财富以满足人民日益增长的美好生活需要,也要提供更多优质生态产品以满足人民日益增长的优美生态环境需要。为此,要以改善生态环境质量为核心,把解决突出生态环境问题作为民生优先领域,坚决打赢蓝天保卫战,深入实施水污染防治行动计划,全面落实土壤污染防治行动计划,加快补齐生态环境短板,不断增强人民群众的生态环境获得感、幸福感、安全感。

　　推动经济高质量发展要求全面推动绿色发展。我国经济已由高速增长阶段转向高质量发展阶段,高质量发展就是遵循新发展理念的发展。习近平同志指出,绿色发展是构建高质量现代化经济体系的必然要求,是解决污染问题的根本之策。必须树立和践行绿水青山就是金山银山理念,贯彻创新、协调、绿色、开放、共享的新发展理念。其中,创新是引领发展的第一动力,协调是持续健康发展的内在要求,绿色是永续发展的必要条件,开放是国家繁荣发展的必由之路,共享是中国特色社会主义的本质要求。推动经济高质量发展,必然要求全面推动绿色发展、建设生态文明。

　　全面建设社会主义现代化国家要求建设人与自然和谐共生的现代化。党的十九大报告把"坚持人与自然和谐共生"作为新时代坚持和发展中国特色社会主义的一条基本方略;全国生态环境保护大会又将其作为新时代推进生态文明建设必须坚持的重要原则。现代化是世界发展的大势,我们要建设的现代化是人与自然和谐共生的现代化。坚持人与自然和谐共生,既是推进现代化的重要原则和不竭动力,也是人类文明发展到更高阶段的重要体现。

　　二、描绘建设美丽中国的基本路径

　　习近平同志在全国生态环境保护大会上强调,要加快构建生态文明体系。这包括生态文化体系、生态经济体系、目标责任体系、生态文明制度体系、生态安全体系五个方面。构建生态文明体系是建设生态文明的重大发展战略,深入回答了建设什么样的生态文明、

怎样建设生态文明的问题,描绘出建设美丽中国的基本路径。

生态文化体系是灵魂,提供理念先导、思想保证、精神动力和智力支持。传统工业化道路积累了大量生态难题,中华优秀传统文化孕育的生态智慧可以为破解生态难题、建设生态文明提供有益启示。中华文明传承5000多年,积淀了丰富的生态智慧,比如"天人合一""道法自然"的哲理思想,"劝君莫打三春鸟,儿在巢中望母归"的经典诗句,"一粥一饭,当思来处不易;半丝半缕,恒念物力维艰"的治家格言等。这些质朴睿智的自然观至今仍给人以深刻警示和启迪,成为我们构建生态文化体系的重要思想资源。

生态经济体系是基础,是构筑绿色化生态化国民经济结构的保障。践行绿水青山就是金山银山理念,建设生态经济体系,必然要求推进产业生态化和生态产业化。一方面,为保护生态和修复环境,经济增长不能再以资源大量消耗和环境毁坏为代价,而是要引导和推动生态驱动型、生态友好型产业发展。另一方面,应根据资源的稀缺性赋予其合理的市场价格,尊重和体现环境的生态价值,进行有价有偿的交易和使用。

目标责任体系是责任和动力,必须守住底线、划定红线、明确上限。习近平同志指出,要守住发展和生态两条底线。只要指导思想搞对了,只要把两者关系把握好、处理好了,既可以加快发展,又能够守护好生态。可以说,生态底线也是发展底线,经济社会发展绝不能突破生态底线。从根本上扭转生态环境恶化趋势,实现生态环境发展目标,必须坚决守住生态底线。要强化资源利用上限约束,促进资源集约高效利用,确保资源利用与资源环境承载能力相适应,绝不能突破最高限值。

生态文明制度体系是保障,是生态文明建设体制机制创新的组织保障和法治保障。我国生态环境保护中存在的一些突出问题,大多与体制不完善、机制不健全、法治不完备有关。因此,应不断深化和推进生态文明体制改革,加强顶层设计,加强科学政绩观建设,加强法治和制度建设。习近平同志指出,"只有实行最严格的制度、最严密的法治,才能为生态文明建设提供可靠保障"。要高度重视制度和法治在生态文明建设中的硬约束作用,不断深化生态文明体制机制改革,建立系统完整的制度体系,用制度保护生态环境,推进生态环境领域国家治理体系和治理能力现代化。

生态安全体系是基石和屏障,是国家安全的重要组成部分。维护国家生态安全,要具备支撑国家生存发展的较为完整的山水林田湖草自然资源体系、自我修复能力较强的生态系统和较高的环境生产力,确保国家生存发展所倚重的粮食、水、能源等安全。必须维护生态系统的完整性、稳定性和功能性,确保具备保障中华民族永续发展的自然基础;必须有能力有条件妥善处理国家发展面临的资源环境、生态承载力问题,有效应对国内外重大突发生态环境事件。

三、丰富发展生态文明建设理论

习近平同志关于生态文明的重要论述,思想深邃、内涵丰富、境界高远,继承和发展了马克思主义关于人、自然、社会辩证统一的思想,从构建人类命运共同体的高度推动生态文明建设,指明了生态文明建设的方向和路径,极大丰富和发展了生态文明建设理论。

继承和发展马克思主义关于人与自然关系思想。首先,继承和发展了马克思、恩格斯关于人与自然关系的思想。在对待人与自然的关系上,要求尊重自然、顺应自然、保护自然;以"山水林田湖草是一个生命共同体"理念,进一步揭示自然是一个相互影响的系统、世界表现为一个统一体系;揭示生态文明建设的内在运行规律,指出"生态兴则文明兴,生态衰则文明衰";牢固树立生态红线的观念,强调在生态环境保护问题上,就是要不能越雷池一步,否则就应该受到惩罚。其次,发展和确立了当代生态文明建设的自然辩证法。如绿水青山就是金山银山的著名论断,超越了机械生态中心主义、扬弃了人类中心主义,既揭示人与自然、社会与自然的辩证关系,又蕴含人类社会发展进程中金山银山的"人为美"、绿水青山的"生态美"和绿水青山就是金山银山的"转型美"三重境界,为推进生态文明建设指明了方向和路径。

从构建人类命运共同体的高度推进生态文明建设。习近平同志关于生态文明的重要论述具有国际视野、全球眼光,充分体现了大国担当。习近平同志在党的十九大报告中指出,"引导应对气候变化国际合作,成为全球生态文明建设的重要参与者、贡献者、引领者";呼吁"构建人类命运共同体,建设持久和平、普遍安全、共同繁荣、开放包容、清洁美丽的世界"。作为世界第一人口大国、第二大经济体,中国搞好生态文明建设,是对全球生态文明建设的有力引领和重要贡献。今天,生态环境危机已成为全球共同面临的挑战,没有哪个国家可以置身事外、独善其身。中国特色生态文明之路,本质上是对传统工业文明的扬弃。中国秉持人类命运共同体理念,积极推动实现联合国 2030 年可持续发展目标,将应对气候变化作为应尽的国际义务,在气候变化谈判和气候治理行动中展现出诚意、决心和智慧,体现出强烈的大国担当。

(资料来源:潘家华,庄贵阳,黄承梁.开辟生态文明建设新境界[N].人民日报,2018-08-22(07).)

 阅读材料6-3

公民生态环境行为规范(试行)

第一条 关注生态环境。 关注环境质量、自然生态和能源资源状况,了解政府和企业发布的生态环境信息,学习生态环境科学、法律法规和政策、环境健康风险防范等方面知识,树立良好的生态价值观,提升自身生态环境保护意识和生态文明素养。

第二条 节约能源资源。 合理设定空调温度,夏季不低于 26 度,冬季不高于 20 度,及时关闭电器电源,多走楼梯少乘电梯,人走关灯,一水多用,节约用纸,按需点餐不浪费。

第三条 践行绿色消费。 优先选择绿色产品,尽量购买耐用品,少购买使用一次性用品和过度包装商品,不跟风购买更新换代快的电子产品,外出自带购物袋、水杯等,闲置物品改造利用或交流捐赠。

第四条 选择低碳出行。 优先步行、骑行或公共交通出行,多使用共享交通工具,家庭用车优先选择新能源汽车或节能型汽车。

第五条 分类投放垃圾。 学习并掌握垃圾分类和回收利用知识,按标志单独投放有害垃圾,分类投放其他生活垃圾,不乱扔、乱放。

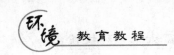

第六条　减少污染产生。不焚烧垃圾、秸秆，少烧散煤，少燃放烟花爆竹，抵制露天烧烤，减少油烟排放，少用化学洗涤剂，少用化肥农药，避免噪声扰民。

第七条　呵护自然生态。爱护山水林田湖草生态系统，积极参与义务植树，保护野生动植物，不破坏野生动植物栖息地，不随意进入自然保护区，不购买、不使用珍稀野生动植物制品，拒食珍稀野生动植物。

第八条　参加环保实践。积极传播生态环境保护和生态文明理念，参加各类环保志愿服务活动，主动为生态环境保护工作提出建议。

第九条　参与监督举报。遵守生态环境法律法规，履行生态环境保护义务，积极参与和监督生态环境保护工作，劝阻、制止或通过"12369"平台举报破坏生态环境及影响公众健康的行为。

第十条　共建美丽中国。坚持简约适度、绿色低碳的生活与工作方式，自觉做生态环境保护的倡导者、行动者、示范者，共建天蓝、地绿、水清的美好家园。

第七章
大学生环境行为与环境教育

 教学基本要求

通过本章学习,了解大学生环境行为的特点及其接受环境教育的必要性。

教学内容

1. 大学生环境教育与环境行为的理论框架;
2. 大学生环境行为的影响因素和内在动机;
3. 教育类专业大学生环境教育的重要性。

第一节 大学生环境教育与环境行为的理论框架

➤一、大学生环境教育现状分析与理论基础

(一)大学生环境教育的目的与原则

目前,全球性环境与生存状况的持续恶化已经引起了世界各国政府和社会各界的广泛关注,环境保护业已成为全人类社会共同的发展目标。那么,在一个国家中,大学生群体作为未来社会的决策者、建设者和创造者,是人类社会中最为活跃的一个群体,也是环境保护的主力军,其责无旁贷地应该肩负起全人类的生态环境保护事业。因此,为了践行人类的环境保护事业,使大学生真正成为为人类的生存与发展做出积极贡献的有用人才,在教育领域就必须重视和加强大学生的环境教育工作。

1. **环境教育目的**

1977 年的联合国第比利斯环境教育会议把环境教育的目的和目标确立为意识、知识、态度、技能、参与五个方面,为全球环境教育的发展奠定了基本框架和体系。

2. **环境教育原则**

环境教育是教育体系的一个分支,必须反映实际教学中的客观规律。

环境教育的原则是指在环境教育活动中遵循的最基本要求和指导思想,是根据人与环境长期发展过程中的规律、环境科学的本质特征,以及不以人的意志为转移的普遍性教育规律和环境教育的特殊性质制定的准则。一般来讲,大学生环境教育包括以下七项具体原则:

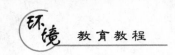

第一,科学系统性。

第二,对象普遍性。

第三,内容综合性。

第四,形式多样性。

第五,具体针对性。

第六,参与实践性。

第七,理念超前性。

总之,高校环境教育的目的就是将环境保护与各个学科知识相互渗透结合到教育体系中,引导大学生了解、体验、欣赏、反思和关爱大自然与生态环境,更加关注家庭、社区、国家和全球的环境问题。只有这样,大学生才能正确认识到个人、集体、社会与自然环境之间相互依存的关系,获得人与环境和谐相处所需要的知识、方法与能力,培养友善对待环境的情感、态度和价值观,积极参与环境可持续发展的决策与行动,成为一代有社会实践能力和环境责任意识的高素质公民。

(二)大学生环境教育的模式及特点

在高校环境教育中,大学生不仅要获得环境的知识和技能,还要培养公民的责任感、价值观和行为能力。这就要求高校的环境教育不同于一般的教育,它应具有自身的模式和特点。

1.环境教育的模式

环境教育模式是以建立环境科学教育、环境道德教育和环境行为教育为三位一体的,以绿色学校、环境宣传和生态实践有机统一相结合为环境教育目标,并以"天人合一"为环境教育理念的一种综合素质教育模式。

我国高等学校主要采用的环境教育模式有五种,即专业必修课、环境必修课、环境选修课、环境课外活动和环境教育实践。那么,在现有条件下,我国的环境教育,尤其是非环境专业大学生的环境教育,就应该以素质教育为纲,改革教学方法,实施环境教育,其实质就是一个如何实施环境行为综合素质的教育体系问题。

2.环境教育的特点

环境教育属于教育学科体系下的一种教育分支,其具有自身的特点。这就要求我们在研究和实行环境教育有关政策时,必须兼顾其特点。环境教育的特点主要包括以下四个方面:广泛的社会性,手段的多样性,跨学科的综合性,高度的实践性。

(三)大学生环境教育的实践方法

高校环境教育应充分运用大学生环境教育的实践方法,只有这样才能起到事半功倍的效果。总体来说,环境教育的实践方法包括以下几种:

第一,与德育教育有机结合,让大学生在接受德育教育中增强环境道德意识。

第二,多种途径宣传普及,让大学生在环境知识的学习中提高环境意识。

第三,多学科渗透教学,让大学生在课程学习中掌握解决环境问题的技能。

第四,在实践中实施环境教育,让大学生在实践参与中达到知行统一。

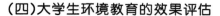

(四)大学生环境教育的效果评估

目前,我国高校非环境专业学生的环境教育呈现多样化发展的趋势。因此,环境教育的评价方法也应是多样化的,其主要分为主观评价和客观评价两种。

1.主观评价

主观评价是通过学生对本人的学习过程进行总结完成的,分为书面自我评价和座谈评价两种。

2.客观评价

客观评价主要是通过客观途径和方法来考查大学生对环境科学知识的掌握情况,反馈大学生从知识转化为意识、从意识转化为行动的内化过程和自修成果,评价大学生运用环境保护的知识和理念去解决环境问题的能力。客观评价主要分为正常考试、撰写论文、问卷调查、毕业论文的考查及工作实践的反馈五种形式。

(五)大学生环境教育的总体评价

在总结相关理论研究的基础上,大学生环境教育的目标主要包括以下五个方法:第一,对环境问题的认识,要让大学生了解自然规律是不以人的意志为转移的,人与自然环境需要和谐相处;第二,对环境状况的了解和对环境知识的了解,掌握基本的环境知识,形成对环境的整体认识;第三,形成正确的环境态度和环境价值观,帮助大学生获得有关环境的一系列价值观和情感,并形成积极参与环境改善和保护的动机,充分认识环境对人类社会的重要性,培养大学生正确的环境意识;第四,提高大学生解决环境问题的技能,使其掌握辨析和确定环境问题的技能,科学分析环境问题以及提出解决方案的技能;第五,对环境保护的热心参与,促使和鼓励大学生积极主动地参与环境保护。

1.大学生环境教育的必要性

《中共中央、国务院关于深化教育改革全面推进素质教育的决定》向高等学校提出一项迫切的任务:全面推进素质教育,培养适应21世纪现代化建设需要的社会主义新人。其中,环境素质是我国素质教育的一个重要组成部分。

在环境问题日益严重的今天,加强大学生环境教育,培养其环境意识成为素质教育不可分割的一部分。因此,大学生环境教育是素质教育的内在要求。1995年,国务院颁布《全国环境宣传教育行动纲要(1996—2010年)》,大学生环境教育被提上了日程。但是,从整体上看,我国高校环境教育仍没有到达令人满意的效果,目前,全国大约只有10%的高校开设了有关环境教育和可持续发展的课程。多数大学生接受的环境教育主要是从电视、报纸、杂志和网络上获得的,从学校课程和书籍中获得环境信息的不足10%。所以,我国高校的环境教育亟待加强与改善。

此外,环境教育属于全程教育和终身教育。一个人环境意识的形成、生态观念的培养不是一朝一夕的事,环境教育离不开学校教育体系的每一个阶段。但是目前来看,我国对中小学生的环境教育正在适时开展,大学生环境教育却相对滞后,接受环境教育的大学生也仅限于环境专业的学生。这说明有关方面对大学生环境教育的重视程度还不足,缺乏

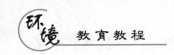

长远眼光和社会责任感。大学生正处在世界观、人生观的形成期,是环境教育的关键时期,必须在大学阶段普遍开展环境教育。

2.我国大学生环境教育现状

(1)环境专业环境教育现状。

20世纪90年代以来,我国环境专业教育工作取得了较大进步。1998年设立了一级学科环境科学与工程,包括环境科学和环境工程两个二级学科,涵盖了原来的环境地理学、环境化学、环境生物学、环境海洋学、环境经济学、水污染控制、大气和噪音污染控制、固体废弃物污染控制工程等多个学科。2001年第二次全国重点学科评审中,清华大学等3所学校的环境工程专业被批准为全国重点学科。目前,全国有近二百所大学开设了环境类专业,清华大学、同济大学、哈尔滨工业大学、武汉大学等高校都具有环境学科博士学位授予权。

(2)非环境专业环境教育现状。

非环境专业大学生的环境普及教育,即通常所说的环境教育,是指以非环境专业学生为对象的环境普及教育。我国的高等教育至今还未能对广大学生进行充分的环境教育,也未将提高大学生的环境意识作为一项重要的人才培养基础工程来重视,使环境教育缺乏规范性和约束力。有的高校甚至未将环境教育列入议事日程。进入21世纪以来,我国少部分高校逐步开展了生态环境类课程设置的探索和改革工作,尤其是近年来,武汉大学、北京大学、清华大学等高校认识到环境素质与高等教育密不可分,并将大学生的环境教育纳入到高校通识课程教育体系中,这为提升我国大学生的环境行为综合素质水平进行了有益的探索与尝试。

3.我国大学生环境教育中存在的问题

第一,大学环境教育与中学环境教育存在对接缺口。我国正处于应试教育向素质教育转型的时期,中学生及中学把大量的精力都放在备考上面,忽视了环境教育,这就导致中学生迈入大学门槛之后存在环境教育对接缺口的问题。

第二,城乡大学生存在环境保护意识的差距。

第三,对非环境专业学生的环境教育不能满足综合素质的教育要求。

第四,环境教育缺乏国家相应的立法规范。

(六)大学生环境教育的课程开发

1.微观层面

第一,针对非环境专业大学生环境教育状况不容乐观的情况,高校在环境教育课程开发方面,应引入通识教育模式,将介绍环境基础知识的有关课程作为非环境专业学生的必修课,如"环境学概论""自然资源与能源介绍""环境资源保护法""可持续发展理论"等。

第二,加强环境专业学生和非环境专业学生的学术交流。

2.宏观层面

第一,创造良好的环境氛围和环境条件。

第二,制定大学生环境教育纲要,从而和现有的幼儿园、小学、中学环境教育形成一个系统的、完整的整体。

第三,进一步发挥现代传媒的引导和宣传作用,加大面向全社会的环境宣传教育力度。

第四,把大学生环境教育的师资培训工作纳入到教育部门的工作进程之中。

第五,正确把握大学生环境教育与素质教育的关系。

第六,搭建教育交流平台,做好中学环境教育与大学环境教育的有效对接。

二、大学生环境行为的特点、模式及影响因素

(一)大学生环境行为的特点及模式

1.大学生的心理和思想特点

第一,当代大学生成长于理想世界,从小处于学校和家长的保护伞下,社会阅历少,心智不成熟。

第二,当代大学生不得不面对现实世界,面对他人的压力和社会压力,往往会失去自我。

第三,虚拟世界已成为当代大学生生活中必不可少的一部分。

2.大学生的行为特点

大学生行为可以分为内潜行为和外在行为。无论是内潜行为和外在行为,大学生由于其群体的特殊性,其行为也会表现出一些特殊性,即主体性、二重性、务实性和变动性。

3.大学生环境行为的特点

环境行为是指个体或各种社会实体与团体,为了达到为我所用的目的而对资源和环境所采取的行为。本书所研究的"环境行为"是指人的环境保护行为,其包括正面(良好)的环境(保护)行为和负面(不良)的环境(保护)行为。

大学生环境行为属于大学生行为中的外在行为,其具有以下四个主要特点:第一,个体差异性较大;第二,被动性;第三,群体性;第四,受周围环境状况的影响较大。

4.大学生环境行为模式

(1)计划行为理论(theory of planned behavior,TPB)。

Ajzen 提出的计划行为理论能够帮助我们理解人是如何改变自己的行为模式的。TPB 认为人的行为是经过深思熟虑的计划的结果。

①计划行为理论的三项考量。

根据 TPB,人的行为模式受到三项内在因素影响:其一,个人行为态度。即个人对自己行为可能出现的结果的一种看法和观点。其二,主观性规范。即对他人的标准化行为模型的主观性感知。其三,行为控制认知。即对于促进或阻碍行为效果的相关因素的认知。当人们身处具体的工作环境或者项目计划中,需要对行为做出改变时,以上三个方面

的考量至关重要。在三个考量的各自范畴内,行为态度的考量会使人产生对待行为的正面或负面的态度,主观性规范的考量会使人感受到周遭的社会压力,行为控制因素的考量则会导致人的实际行为控制度的上升。以上三项因素的综合则构成了人的行为意向。作为一般性的法则,如果个人行为态度和主观性规范是正向的、积极的,那么个人对该行为认定的实际控制就会越多,采取该行为的意向就越强。

②计划行为理论的五要素。

a. 态度(attitude):是指个人对该项行为所抱持的正面或负面的感觉,亦指由个人对此特定行为的评价经过概念化之后所形成的态度,所以态度的组成成分经常被视为个人对此行为结果的显著信念的函数。

b. 主观规范(subjective norm):是指个人对于是否采取某项特定行为所感受到的社会压力,亦即在预测他人的行为时,那些对个人的行为决策具有影响力的个人或团体(salient individuals or groups)对于个人是否采取某项特定行为所发挥的影响作用大小。

c. 知觉行为控制(perceived behavioral control):是指反映个人过去的经验和预期的阻碍,当个人认为自己所掌握的资源与机会愈多、所预期的阻碍愈少,则对行为的知觉行为控制就愈强。其影响的方式有两种:一是对行为意向具有动机上的含义;二是其亦能直接预测行为。

d. 行为意向(behavior intention):是指个人对于采取某项特定行为的主观概率的判定,它反映了个人对于某一项特定行为的采取意愿。

e. 行为(behavior):是指个人实际采取行动的行为。

Ajzen认为所有可能影响行为的因素都是经由行为意向来间接影响行为表现的。而行为意向受到三项相关因素的影响:其一是源自于个人本身的态度,即对于采行某项特定行为所抱持的"态度";其二是源自于外在的"主观规范",即会影响个人采取某项特定行为的"主观规范";其三是源自于"知觉行为控制"。

一般而言,个人对于某项行为的态度愈正向时,则个人的行为意向愈强;对于某项行为的主观规范愈正向时,个人的行为意向也会愈强;而当态度与主观规范愈正向且知觉行为控制愈强的话,则个人的行为意向也会愈强。Ajzen主张将个人对行为的意志控制力视为一个连续体,一端是完全在意志控制之下的行为,另一端则是完全不在意志控制之下的行为,而人类大部分的行为落于此两个极端之间的某一点。因此,要预测不完全在意志控制之下的行为,有必要增加行为知觉控制这个变项。不过当个人对行为的控制愈接近最强的程度,或是控制问题并非个人所考量的因素时,则计划行为理论的预测效果与理性行为理论是相近的。

③计划行为理论的内涵。

计划行为理论主要有以下几个观点:

a. 非个人意志完全控制的行为不仅受行为意向的影响,还受执行行为的个人能力、机会以及资源等实际控制条件的制约,在实际控制条件充分的情况下,行为意向直接决定行为。

b.准确的知觉行为控制反映了实际控制条件的状况,因此它可作为实际控制条件的替代测量指标,直接预测行为发生的可能性(如图7-1虚线所示)、预测的准确性依赖于知觉行为控制的真实程度。

c.行为态度、主观规范和知觉行为控制是决定行为意向的3个主要变量,态度越积极、重要的他人支持越大、知觉行为控制越强,行为意向就越大,反之就越小。

d.个体拥有大量有关行为的信念,但在特定的时间和环境下只有相当少量的行为信念能被获取,这些可获取的信念也叫突显信念,它们是行为态度、主观规范和知觉行为控制的认知与情绪基础。

e.个人以及社会文化等因素(如人格、智力、经验、年龄、性别、文化背景等)通过影响行为信念间接影响行为态度、主观规范和知觉行为控制,并最终影响行为意向和行为。

f.行为态度、主观规范和知觉行为控制从概念上可完全区分开来,但有时它们可能拥有共同的信念基础,因此它们既彼此独立,又两两相关。

综上,Ajzen 的计划行为理论模式如图7-1所示。

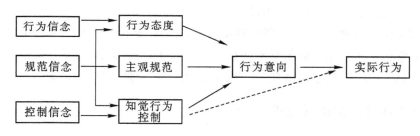

图7-1 Ajzen 的计划行为理论模式

(2)ABC 理论。

ABC 理论认为个人的环境态度变量(A)和情境因素(C)共同作用决定环境行为(B)。当情境因素不发生作用,即保持中立或者趋近于零的时候,环境态度和环境行为之间的关联最强;反之,当情境因素作用极为有利或者极为不利的时候,情境因素本身就可能会极大促进或者阻止环境行为的发生,此时,环境态度的作用并不明显。ABC 理论意味着情境因素决定环境行为对环境态度的依赖程度。一旦情境因素不利于环境行为,例如要花费更大的金钱、花费更多的时间为代价或者更难实现的时候,环境态度与环境行为之间的关联最弱。

(3)负责任环境行为模式。

该模式认为环境行为受行为意图影响而行为意图又受若干变量,包括行动技能、知识和环境问题知识的影响。此外,另一个强烈影响环境行为的因素就是情境因素,如经济上的限制、社会压力、是否有机会从事环保行动等都属于情境因素。负责任环境行为模型见图7-2。

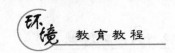

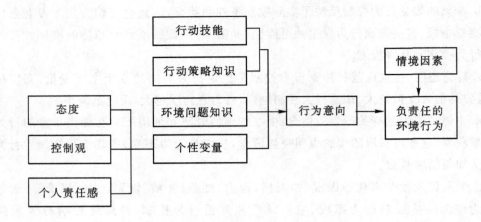

图7-2 负责任环境行为模型

(二)大学生环境行为的主要影响因素

国内外学者对影响大学生环境行为的因素做了广泛研究,认为大学生环境行为可以分为两个领域,即私人领域和公共领域。

根据现有研究成果,总结出大学生环境行为的主要影响因素大致为六个:第一,人口统计变量。它包括大学生个体的基本特征,如年龄、性别、户籍、年级等。第二,经济因素。第三,环境意识。第四,周围环境状况。第五,社会关系变量。第六,情景变量。

➤三、大学生环境行为的理论基础分析

(一)社会科学的理论分析

1. 社会学的产生

社会学(sociology)是一门利用经验考察与批判分析来研究人类社会结构与活动的学科。社会学起源于19世纪末期,是一门研究社会的学科。社会学使用各种研究方法进行实证调查和批判分析,以发展及完善一套有关人类社会结构及活动的知识体系,并以运用这些知识去寻求或改善社会福利为目标。本书认为,一个人的环境行为是其社会心理的表征。因此,要想有效研究我国大学生的环境教育与其环境行为的内在联系,就需要从社会学的视角对其加以剖析与解释。

2. 社会学的研究对象

大部分学者都认为社会学的基本问题就是人类与社会之间关系的问题。人生活在社会中,其行为必将影响社会活动,因此研究人类与社会的关系最重要的就是要研究人类行为与社会的关系。大学生作为人类社会成员的一部分,其行为影响着学校这个小的"社会"。而大学生的环境行为,不仅影响到个人,对校园、社会都将产生深远的影响,所以研究大学生的环境行为与社会的关系具有重大意义。

3. 社会学视角下的人类行为

社会学所研究的人类行为是与他人和社会有关的社会性行为。为了在社会行动合理

性研究的基础上,分析人类行为的理性化倾向和社会合理化,社会学将人类行为分为四种社会行动类型:工具理性行动、价值理性行动、情感行动、传统行动。

社会学是通过描述、解释、预测和导向四个阶段来研究人类行为,探索行为的内在机制,从而找到规律来引导人的行为。

人与环境的关系本质上是一种价值关系,这种价值关系的嬗变与人类文明的进程紧密相连。可以说,人类进化的历史实际上就是人与环境之价值关系不断发展的历史。因此,在人类的社会行为中,关注生态环境的行为已经成为人类社会行为的重要组成部分。因此,本书力图研究大学生的环境行为,利用观察、描述等社会科学的研究方法来获得大学生环境行为的规律性理论知识,进而分析和探究影响大学生环境行为的个人和群体的因素,最终提出改善我国大学生环境行为的可行措施与教育方法。

(二)行为科学的理论分析

1.行为科学的产生及其在我国的发展

20世纪20年代末30年代初的霍桑实验揭开了行为科学研究的序幕,表明工人不是被动的、孤立的个体,影响生产效率的最重要因素不是待遇和工作条件,而是工作中的人机关系。

直到20世纪80年代中期,行为科学才开始在中国普及起来。目前,我国还应继续扩大行为科学方面的研究范围,提高研究的技术,从而更好地为组织和个人提供战略服务。

2.行为科学的理论体系

行为科学研究的是人类行为的动机与组织,也就是什么原因引起和推动人类行为的产生,哪些因素支配行为的发展变化,人类行为有什么规律等,从而对人类的行为进行预测和控制。行为科学的理论体系主要包括个体行为理论、群体行为理论、领导行为理论和组织行为理论。

3.行为科学理论对环境行为教育的启示

马斯洛需求层次理论是行为科学的一个重要理论。依据马斯洛的理论,个体的需要是有层次的,需要的满足也是有层次的。马斯洛需求层次理论如图7-3所示。

个体需求层次理论从人的个体需要出发来研究人的行为,揭示了在通常情况下一般人的需要是从低级向高级发展的。马斯洛认为,人的需要产生的外部因素主要包括:第一,环境因素。第二,知识因素。因此,对于大学生的环境行为,除了顺应大学生的心理需求外,还可以创造外部条件来激发刺激大学生的需要。这样,一方面,我们可以给大学生一个良好的环境,在这个环境中人人都将环保放在第一位,这样其他人都会受到熏陶和感染,自觉保护周围的环境;另一方面,我们可以进行大学生的环境行为教育,包括基本的环境知识、对整体环境的认知和人类在环境中的角色和作用等,使他们深切地感到环境问题的严重性,进而形成较强的环境意识,以便自觉地从全局利益出发,保护地球环境。

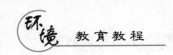

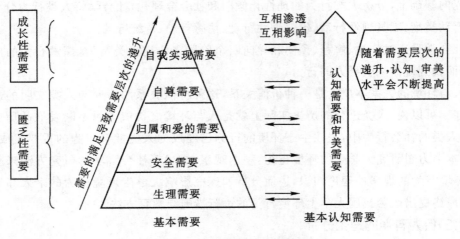

图 7 - 3　马斯洛需求层次理论

(三)制度经济学的理论分析

1.制度经济学的产生

制度经济学的演变大体经历了三个发展阶段:第一阶段是以凡勃伦、康芒斯和密契尔等为代表的制度学派、制度主义、老制度主义、旧制度主义时期;第二阶段是从凡勃伦和康芒斯到加尔布雷斯之间的过渡时期;第三阶段是以科斯、诺斯等为代表的新制度经济学或新古典制度经济学时期。早在 20 世纪 60 年代,一些旧制度经济学的代表作品就被介绍到了中国。

2.新制度经济学的理论体系

(1)新制度经济学对人的基本假设。

新制度经济学试图提出新古典理性假设的人类行为的三大行为假定:"经济人"假设,"有限理性"假设,"机会主义行为倾向"假设。

(2)新制度经济学与人类行为的关系。

新制度经济学认为在社会发展的过程中,制度与人类行为永远是相互塑造、相互影响的。即制度塑造个人行为、个人行为塑造制度。

(四)行为经济学的理论分析

1.行为经济学的发展

行为经济学是一门试图将心理学的研究成果融入标准经济学理论的科学。到 20 世纪中叶,行为经济学已经被众多的主流经济学家接受;到 20 世纪后半叶,理查德·泰勒等从进化心理学中获得启示,认为大多数人既非完全理性,也不是凡事皆从自私自利的角度出发。以此为立论基础,专门研究人类非理性行为的行为经济学应运而生。

2.行为经济学理论

(1)行为经济学的研究内容。

行为经济学的研究内容主要有三个方面:其一,对精神心理因素的研究;其二,开阔了

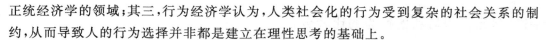

正统经济学的领域;其三,行为经济学认为,人类社会化的行为受到复杂的社会关系的制约,从而导致人的行为选择并非都是建立在理性思考的基础上。

(2)行为经济学关于行为规律的研究。

行为经济学主要是通过提出更为现实的个人决策模型来有效地解释各种经济现象,并且这种模型无需严格地区分当事人的各类专门行为。因此,一个近似的说法是:行为经济学在新古典经济学研究的基础上,重新构建了这些模型的行为基础,进而改变了这些模型的逻辑本身。行为经济学通过建立更为现实的心理学基础,大大提高了经济学的解释力。

第二节 大学生环境行为的影响因素和内在动机

➤一、大学生个体行为模式

(一)大学生个体行为的特殊性及其倾向性

大学生作为未来社会的决策者和建设者,其行为会直接影响到未来社会的可持续发展。但是,大学生正处于受教育阶段,心理发育还不成熟,社会阅历浅薄,因此,其个体行为又具有特殊性。大学生由于正在接受高等教育,认知能力和价值判断有所提高;与同龄人相比,其个体行为表现出自主性、目的性和有效性等特点。但是,大学生心智还不成熟,因此其个体行为又具有他律性、随意性和多变性等特点。大学生的个体行为最能体现时代发展的特征,具有很强的矛盾性,既有积极因素又有消极因素。也正是这种矛盾性,才促使大学生行为的不断进步、不断提高。

因此,根据大学生个体行为的上述特点,其行为倾向大致可以分为三类:第一,积极进取型;第二,顺应他人型;第三,自由松散型。因此,学校和社会在对大学生实施教育的过程中,应该根据其个体行为的特殊性和倾向性,对症下药,制定合理的教育纲领和方针。

(二)大学生个体行为的选择及其影响因素

在现实生活中,个体并不是随意表现出某种行为,而是具有选择性。个体行为的选择性是通过三个行为选择坐标来发生作用的:第一,是非坐标,即"对不对";第二,价值坐标,即"值不值";第三,情感坐标,即"愿不愿意"。个体行为的选择不仅受是非、价值、情感等主观因素的影响,还要受客观因素——环境的影响,并且环境在个体行为选择中起决定作用。

本书认为,大学生个体环境行为的选择主要受三个因素的影响:第一,行为人的思想、意识、认识水平,不同背景的行为人做出的行为选择具有很大的差异;第二,行为本身的价值,行为人一般会选择对自己有价值的行为;第三,行为所处的环境,特别是大学生群体行为对个体行为的影响。

二、利己行为与利他行为的比较分析

根据现有研究理论,大多数学者认为,人的行为可以分为三种,即纯粹利己行为、纯粹利他行为和为己利他行为。

(一)利己行为

利己行为是指只顾自己利益,不顾他人和集体利益的行为。

(二)利他行为

经济学的基本假设是"理性经济人假设",认为人总是追求自身利益最大化,但是行为经济学认为人不总是"理性经济人",有时也会有利他行为的表现。利他行为有三种类型,即亲缘利他、互惠利他和纯粹利他。

三、环境行为及大学生环境行为

(一)环境行为

目前,我国学者对"环境行为"这一概念的界定比较统一。随着学界对环境问题的社会原因及社会影响关注的加强,环境行为的社会性变得越来越明显。崔凤和唐国建对"环境行为"给出了明确的定义,环境行为是指作用于环境并对环境造成影响的人类社会行为或各社会行为主体之间的互动行为,同时也包括行为主体之间的行为产生的环境影响。因此,环境行为是人类社会生态文明的一种具体体现,也是未来高等教育领域中不可或缺的发展方向。

(二)大学生环境行为

大学生环境行为是指在校大学生在日常生活和学习中所表现出的与环境有关的行为,其包括日常行为和日常活动等。

伴随人类社会各种环境问题的产生,社会各界开始关注对环境行为的研究,特别是未来社会的建设者——大学生的环境行为更加受到教育界的重视与关注。这是因为:一是大学生正处于受教育阶段,掌握的环境保护方面的知识还是比较有限的,需要学校及有关各方给予积极的引导和广泛的宣传;二是大学生长期生活在一个集体环境中,加之心智尚未成熟,他们的环境行为容易受到外界的影响;三是大学生是未来社会的建设者和决策者,他们环境意识的高低以及环境行为的好坏直接影响到未来社会的可持续发展。

四、大学生环境行为的影响因素分析

(一)社会统计学变量

社会统计学变量包括了性别、年龄、个人及家庭的受教育程度等,在研究气候变化对人们亲环境行为产生的影响中发现,女性要比男性更容易因气候问题而产生更多的环保行为,且在循环利用行为、环境支持行为和交通工具选择上均要高于男生。女性比男性更加倾向于参加环保行动,尤其是一些私人领域的行为,而公共领域的环保行为男女参与程度没有显著的差异。

年龄会对人们的环保行为产生影响。按照年级区分年龄差异的研究中显示,环保行为与年级之间存在着递增的关系。传统研究环保行为问题上的对象都未包含老年人这一群体,而澳大利亚国家统计局分别调查了 18～24 岁年龄组和 65 岁年龄组居民的环保行为水平,结果发现,前者的环保行为要低于后者。

父母的受教育水平与儿童的环保行为有一定的相关性,除此之外,个体本身的教育程度也对环保行为有影响。

(二)环保知识

环保知识作为环境心理学中一个重要方面,在探讨大学生环保行为影响因素时应将其列入讨论范围。环保知识不是人们进行亲环境行为的先决条件,也不与人们的亲环境行为直接产生联系,但它却通过影响人们的环保态度从而产生环保行为。环保知识是环保态度与环保行为之间一个重要的中介变量。

(三)政府发展理念

国家的方针政策反映国家发展理念及国家对人地关系的认知判断,从而形成国家环保理念。在大学课堂中对政府发展理念和国家政策的解读分析,可以不断引领大学生理解、领会国家环保理念,从而形成自己的环保理念和价值观。大学生环保理念和价值观影响大学生的环境行为。

(四)网络及新媒体的广泛应用

网络的普及与新媒体的使用对当代环保行为有重要的推动作用。网络的普及和新媒体的使用会不断加强发展理念、环保理念、环保知识的传播和宣传。

五、参与式环境教育与主动性环境行为

(一)参与式环境教育

参与式环境教育是 21 世纪最新引进的一种教育方式。陈华认为,参与式环境教育是一种合作式或协作式的教学法,这种方法以学习者为中心,充分利用灵活多样、直观形象的教学手段,鼓励学习者积极参与教学过程,成为其中的积极分子,加强教学者与学习者之间以及学习者与学习者之间的信息交流和反馈,使学习者能深刻地领会和掌握所学知识,并能将这种知识运用到实践中去。

(1)参与式教育的基本原理。参与式教育的基本原理是心理学中的内在激励和外在激励。参与式教育就是让学习者自己参与到教学中,而不是教学者一味地"填鸭式"教育,让学习者感到做这件事能带来自身的满足,得到内在激励,提高自觉性和积极性。

(2)参与式教育的特点与作用。第一,参与式环境教育能够使学生形成积极主动的学习态度,在知识潜移默化的过程中,形成良好的心理素质和正确的价值观,培养社会责任感。第二,参与式教育把教师的主导性和学生的主体性充分体现出来,使学生真正学会自己日后应该如何表现,只有切身体会才能加深印象。第三,参与式教育还能增加学生与老师之间、学生与学生之间的合作性。合作学习有利于学生培养社会意识,感受彼此的尊重。第四,参与式教育使教学氛围具有民主性与平等性,从而激发学生的创造激情,形成

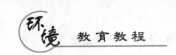

创造意识,培养创造精神,使教学双方更好地发挥主动性。第五,参与式教育的教学评价具有多维性。参与式教育的最高境界在于反思,要求学生用批判的眼光来看待教师所传授的知识,进行深层次的思考,不断对自己的行动方向进行新的选择和判断。

(二)主动性环境教育

主动性环境教育,是指大学生即使在群体的影响下,即使在没有接受过任何相应环境教育的情况下,也能主动表现出正面的环境行为。自发性的环境行为表现为:做出正面环境行为之前不需要他人的提醒和监督,都是由自我环境意识唤起的。

(三)参与式环境教育与主动性环境行为的关系

参与式环境教育不仅能促使受教育者形成良好的环境保护素质,更重要的是能最大限度地发挥当代大学生的环保参与主动性。只有让大学生亲身参与到环境教育和实践中,切身体会到现实环境问题的重要性和紧迫性,才能足够引起他们的重视,并内化到他们自己的行动活动中,充分发挥其环保参与的主动性。因此,参与式环境教育可以最大限度地促进我国当代大学生的主动性环境行为。

第三节　师范专业大学生环境教育的重要性

联合国环境与发展大会通过的《21世纪议程》指出:教育是促进可持续发展和提高人们解决环境与发展问题能力的关键,基础教育是环境与发展教育的支柱。我国师范教育培养的人才直接在中小学教育中担负重任;具有较高环境教育素质的师范生,对中小学环境教育有直接的影响;对年轻一代的环境教育,对于全民族提高环境意识,确立环境保护价值观念和行为有至关重要的影响。因此,师范教育在解决中国可持续发展面临问题中肩负的培养环境教育人才的责任是义不容辞的。

➤一、师范教育中的环境教育是全民环境教育的重要组成部分

我国全民环境意识淡薄,亟待加强。师范院校是铸造中小学教师的"熔炉"。我国中小学在校学生达2.2亿人,中小学生环境意识的提高和培养,对全民环境意识的培养有积极的促进作用。中小学生环境意识的培养,有赖于教师的环境意识与环境知识的提高。因此,师范教育中的环境教育在全民环境教育中居重要地位。

➤二、环境教育是提高师范生素质、实现中小学素质教育目标的重要途径

近年来,"素质教育"受到国家、社会和教育界的高度重视。素质教育是一项复杂的系统工程,其中的重要环节是教师。素质教育需要高素质的教师,高素质的教师主要靠师范院校和继续教育的培养。在师范院校进行环境教育,有利于全面提高师范生的素质。

(1)培养师范生的环境意识是素质教育的具体表现。当代人类面临环境问题的严重挑战,环境问题超越地区和国界,威胁着全人类的生存。21世纪环境意识将成为人类个体意识的基本特征,环境意识是21世纪人类必须具备的素质。培养师范生环境意识,是

现代社会发展的要求,是师范教育中素质教育的具体表现。

(2)环境教育的内容有利于全面发展师范生的社会、科学、文化素养。环境教育是一门新的学科教育,具有极其明显的综合性特征,涉及人类生存发展的各个方面,环境问题已涉及政治、经济、贸易、科学技术、文化等众多领域,因此环境教育有利于全面发展师范生的社会、科学、文化素养。

(3)环境教育的形式有利于师范生多方面才能的综合发展。根据国内外环境教育的理论研究和实践,开展多种形式的环境教育是当代国际环境教育的主要特点。首先,在学科教育中渗透环境教育,有利于培养学生将学科知识用于解决现实生活中环境问题的习惯,提高环境意识和解决环境问题的能力。其次,环境教育宣传活动,如举办不同层次的环境教育展报、环境教育演讲,对培养学生的学习能力、语言表达能力有促进作用。最后,通过有组织的环境教育课外实践活动,学生的环境意识会得到提高,发现和解决环境问题的能力也会得到锻炼。

(4)环境教育需要高素质的教师。从现代教育的角度看,中小学环境教育要求教师不仅要具有丰富的学科知识,而且要具备良好的环境意识,拥有丰富的环境知识和进行环境教育的技能,特别是在学科教育中渗透环境教育的能力和环境教育与学科教育相结合的能力。

➤三、师范教育对完善我国的环境教育体系具有重大作用

《全国环境教育宣传行动纲要》指出,要面向21世纪,逐步完善我国的环境教育体系,进一步搞好环境宣传教育工作,提高全民族的环境意识。师范教育在我国环境教育体系中居于十分重要的地位,中小学的环境教育成功与否,与师范教育中的环境教育息息相关,直接影响全民环境意识水平的高低。目前我国的环境教育体系还很不完善,环境教育培训工作亟待加强。加强师范教育中的环境教育,能为社会输送较多的优秀环境教育人才。

➤四、环境教育在面向21世纪的教学内容与课程体系改革方面具有重要意义

21世纪世界范围的竞争归根到底是科技与教育的竞争,高等教育改革在世界各国普遍受到重视。例如,1994年美国国家研究委员会通过《国家科学教育标准》,提出了科学教育的重要原则,强调科学教育是教育改革的重要组成部分,科学教育的目的是提高学生的科学素养,培养科学探究意识。1996年法国科学院和科技应用委员会公布了长达120页的"科技信息工程"的报告,其中回顾了科技推动文化和文明发展的过程以及科技对教育与经济的影响,总结了科技传播(教育)的现状,提出改进法国科技传播(教育)的七项建议。环境教育涉及的科学领域广泛,如地球科学、物理学、化学、生物学、环境学、社会学、经济学等学科。在师范院校进行环境教育,体现了现代科学和教育向文理相互交叉、渗透方向发展的趋势,同时进行环境教育也反映了国际教育发展的潮流。环境问题是全人类关注和要努力解决的问题,21世纪世界范围内关于环境问题的合作将得到加强。因此,

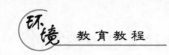

在我国师范教育中进行环境教育应该成为师范教育面向 21 世纪的教学内容与课程体系改革的方向之一。

五、师范专业大学生环境意识的辐射影响性、社会示范性和持久性

为适应国家和全人类可持续发展要求,环境教育成为 21 世纪大学生素质教育的重要内容。大学生是实施可持续发展战略的最有效群体,加强大学生环境教育具有社会效益。

从联系的观点看,大学生不是一个孤立的群体,既有大学生的同辈关系,也有大学生与成人社会的关系,大学生是这一社会关系中有知识、有影响的重要网络成员。通过大学生与其他社会成员之间在观念上、行为上相互影响、相互制约,不仅可以影响和左右同辈人的行为,还可以对自己周围成人的观念和行为起到一定程度上的约束和示范的作用。这样的效果往往要超出直接进行环境教育的效果。

从发展的眼光来看,大学生是未来社会的主体,是未来社会的栋梁,今天通过对大学生的环境意识教育,促使他们形成人与自然协调发展的正确观念和保护环境的自觉行为,从根本上改变那种建立在对自然无节制的开发和利用以至于破坏的粗放型经济增长方式,从而实现走经济、社会和自然协调发展的可持续发展道路。

从人的行为的内在机制来看,外在的行为是受其内在的道德责任感支配的。对大学生进行环境教育,促使新一代大学生形成人类与自然和平共处、平等互利、协调发展的环境道德意识,把保护环境化作为一种发自内心的自觉行动。环境保护通过自律与他律的有效实施,其效果将远远超出单纯依靠行政的、法律的、经济的手段所达到的效果。

第八章

环境保护行动

教学基本要求

通过本章学习,了解一些环境保护组织的职能。掌握相关的环境保护活动日的时间及其目的和主题。

教学内容

1. 环保组织;
2. 环境保护活动日。

第一节　环保组织

➤ 一、绿色和平组织

绿色和平组织,简称为绿色和平,是一个国际非政府环保组织,总部设在荷兰的阿姆斯特丹。绿色和平组织宣称自己的使命是:"保护地球、环境及其各种生物的安全及持续性发展,并以行动作出积极的改变。"不论在科研或科技发明方面,绿色和平都提倡有利于环境保护的解决办法。绿色和平的宗旨是促进实现一个更为绿色、和平和可持续发展的未来。绿色和平组织旨在寻求方法,阻止污染,保护自然生物多样性及大气层,以及追求一个无核(核武器)的世界。

绿色和平在世界环境保护方面已经贡献良多,在其中一些环节更是扮演关键角色:禁止输出有毒物质到发展中国家;阻止商业性捕鲸;制定一项联合国公约,为世界渔业发展提供更好的环境;在南太平洋建立一个禁止捕鲸区;50 年内禁止在南极洲开采矿物;禁止向海洋倾倒放射性物质、工业废物和废弃的采油设备;停止使用大型拖网捕鱼;全面禁止核武器试验——这是绿色和平最早和永远的目标。

➤ 二、世界自然保护联盟

世界自然保护联盟(International Union for Conservation of Nature,IUCN),是世界上规模最大、历史最悠久的全球性非营利环保机构,也是自然环境保护与可持续发展领域

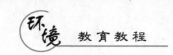

唯一作为联合国大会永久观察员的国际组织。世界自然保护联盟于 1948 年在法国枫丹白露(Fontainebleau)成立,总部位于瑞士格朗。

世界自然保护联盟致力于帮助全世界关注最紧迫的环境和发展问题,并为其寻找行之有效的以自然为本的解决方案。其主要使命是影响、鼓励和帮助全世界的科学家和社团保护自然资源的完整性和多样性,包括拯救濒危的植物和动物物种,建立国家公园和自然保护地,评估物种和生态系统的保护现状等,并且确保任何自然资源的使用都是平衡的、在生态学意义上是可持续的。世界自然保护联盟的工作重心是保护生物多样性以及保障生物资源利用的可持续性,为森林、湿地、海岸及海洋资源的保护与管理制定出各种策略及方案。

世界自然保护联盟从 20 世纪 80 年代起就在中国开展工作,1996 年中华人民共和国外交部代表中国政府加入世界自然保护联盟,中国成为世界自然保护联盟的国家会员。世界自然保护联盟于 2003 年成立中国联络处,2012 年正式设立世界自然保护联盟中国代表处,并在全国开展项目。

➤三、世界自然基金会

世界自然基金会(World Wide Fund for Nature or World Wildlife Fund,WWF)是在全球享有盛誉的、最大的独立性非政府环境保护组织之一,自 1961 年成立以来,WWF 一直致力于环保事业,在全世界拥有超过 500 万支持者和超过 100 个国家参与的项目网络。WWF 致力于保护世界生物多样性及生物的生存环境,所有的努力都是为了减少人类对这些生物及其生存环境的影响。

世界自然基金会的使命是遏止地球自然环境的恶化,创造人类与自然和谐相处的美好未来。具体如下:

①保护世界生物多样性;

②确保可再生自然资源的可持续利用;

③推动降低污染和减少浪费性消费的行动。

1979 年,世界自然基金会总部与中华人民共和国签署了一份特殊的协议。协议中最重要的部分是成立世界自然基金会—中国六人委员会,三名成员来自世界自然基金会,另外三人来自新组建的中国环境科学协会。这个委员会的主要职责是协调中国环境保护组织和机构与世界自然基金会全球环境保护工作的联系。它在中国开始了重点优先项目,其中第一个就是大熊猫的保护。世界自然基金会也因此成为在中国开展实地工作的第一个国际非政府组织。

世界自然基金会在中国的工作始于 1980 年的大熊猫及其栖息地的保护,是第一个受中国政府邀请来华开展保护工作的国际非政府组织。

1985—1988 年,国家林业部(现为国家林业局)和世界自然基金会共同组织了全国范围内的关于大熊猫以及其栖息地的调查。调查显示,中国大约有 1000 只大熊猫在野外栖息。

1995 年,世界自然基金会中国能源与气候变化项目成立,该项目旨在降低中国温室气体排放量。

1996 年,世界自然基金会中国环境教育项目成立。该项目旨在宣传可持续发展的概念,以使人口对于资源的需求不会造成对环境的破坏。同年,世界自然基金会中国森林项目成立。该项目旨在森林的保护、恢复和可持续经营,以提供森林产品和生态服务功能。

2000 年,中国新的房间空调器能效标准在世界自然基金会的支持下通过。该标准的实施有助于节约大量电力资源,防止低于最低能效标准的空调器在市场上销售。

2003 年,中国环境与发展国际合作委员会流域综合管理课题组正式在北京启动并举行首次工作会议,计划在未来的两年里给中央提供一个关于中国如何加强流域综合管理的建议书。在世界自然基金会秦岭项目的推动下,陕西省政府批准新建 5 个熊猫自然保护区和 5 条生态走廊,使秦岭的熊猫保护区域超过 15 万公顷。这被世界自然基金会总部确认为"献给地球的礼物"。

世界自然基金会的环境宣传教育活动非常突出,例如他们利用影视手段传播科学知识和环境科学的研究成果就颇具特色。《地球报告》就是反映物种和资源保护的系列电视专题片,在全球范围内播映后受到了积极反应。再比如《别让北极熊的家园成为汪洋》,就生动地揭示了全球气候变暖将会对动物栖息地造成毁灭性的影响。

在中小学开展环境教育和可持续发展教育也是基金会的强项。例如,"献给地球的礼物"就是一项由世界自然基金会于 1996 年发起,由政府、公司和个人共同参与的自然保护行动,它旨在向大众介绍环境保护的主导力量和展示全球自然保护的重要成就,是授予政府、公司和个人所做的环境贡献的最高荣誉。自该计划实施以来,至今已经确定了全球 50 多个国家和地区的 94 份"献给地球的礼物",而这第 94 份礼物就是由中国国家教育部出台的《中小学环境教育实施指南》。《中小学环境教育实施指南》是中国教育部、世界自然基金会和英国石油(BP)公司三方联合开展的可持续发展教育国际合作项目"中国中小学绿色教育行动(EEI)"的一个重大成果。它的颁布对全国中小学生的环境意识和环境行为将产生积极的影响。

➤ 四、大自然保护协会

大自然保护协会(The Nature Conservancy,TNC)成立于 1951 年,总部设在美国弗吉尼亚州阿灵顿市,是国际上较大的非政府、非营利性的自然环境保护组织之一。在拉美、加勒比海、亚太地区以及非洲的 30 多个国家,协会与合作伙伴一起保护着超过 4700 多万公顷的生物多样性热点地区。目前协会在亚太地区的保护工作涉及中国、澳大利亚、密克罗尼西亚联邦、印度尼西亚、巴布亚新几内亚、帕劳群岛和所罗门群岛等国家和地区。

在过去半个世纪的发展历程中,协会逐步发展了一套全面实用、注重策略并以科学为基础的保护工作方法——自然保护系统工程。借此方法,协会甄选出了那些最具优先保护价值和最具有代表性的陆地生境、淡水生境、海洋生境以及生物物种,从而更加有效地践行协会的使命,即保护重要的陆地和水域,使具有全球生物多样性代表意义的动物、植

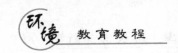

物和自然群落得到保护,并永续生存繁衍。

大自然保护协会在注重科学保护的同时,还遵循"非对抗"的工作方式,即与政府相关部门、科研机构、其他保护组织以及利益相关者群策群力,立足现状,着眼长远,建设性地开展保护行动,注重保护实效。同时,在开展生态保护的过程中,充分考虑改善当地社区的生计,力求人与自然的和谐和发展的可持续性。

大自然保护协会于1998年进入中国开展保护工作,应邀与云南省人民政府合作,共同编制了《滇西北保护与行动发展计划》(以下简称为《行动计划》)。《行动计划》寻求因地制宜的保护策略,把自然生态保护与经济发展有机结合起来,保护滇西北宝贵的生物及文化多样性,并促进当地的可持续发展。《行动计划》成为云南省"十五"计划的专项规划之一。

依据《行动计划》,在中国西南山地生物多样性最具代表性的滇西北三江并流地区,大自然保护协会相继成立了云南办事处以及丽江、香格里拉、德钦和贡山4个田野办公室,并选定了5个生物多样性丰富的区域,与当地政府和其他合作伙伴密切合作,开展了一系列实地保护项目。几十年以来,大自然保护协会的保护项目和保护工作涉及了丽江市的拉市海、德钦县的梅里雪山、横跨滇西北4个地州的老君山、香格里拉县的香格里拉大峡谷和普达措景区、贡山县的高黎贡山自然保护区北段、广西金秀大瑶山以及长江入海口的崇明岛东滩湿地等区域。此外,大自然保护协会中国部还计划在北京的松山国际级自然保护区、内蒙古的呼伦贝尔地区、四川的若尔盖地区和青海的三江源地区开展湿地保护工作。

2002年,大自然保护协会在北京成立工作室,相继与国家发改委、国家环保总局、国家林业局、国家水利部、国务院扶贫办等相关部委签署了合作框架协议,启动了一系列全国性的保护项目,包括协助制定全国生物多样性保护远景规划,加强自然保护区建设与管理,推动绿色木材采购和森林认证制度,推广森林碳汇试点项目和国际标准,探讨长江流域保护的有效途径与方法等。其目标是将大自然保护协会在全球其他地方获得的成功经验应用到中国更多的地区,促进中国建设资源节约型和环境友好型的社会,推动中国的可持续发展。

➤五、中国环境保护协会

中国环境保护协会(China Environmental Protection Association,CEPA)是中国环境保护公益组织,宗旨是服务于中国的环境保护事业。中国环境保护协会接受国家环境保护部、国家发展和改革委员会、国家质检总局、工商总局、科技部、卫生部、工业和信息化部等部门指导。

中国环境保护协会积极开展政府与企业间桥梁纽带作用,致力于国际与国内环境保护事业的文化交流、学术交流、技术合作并进行调查研究、积极建言献策、提供技术咨询、推广科技成果、普及环境知识、举荐优秀人才等,为推动我国环境科学进步和环保事业发展做出自己的贡献。

中国环境保护协会的目的是：倡导各人士、各企事业单位参与并支持中国公益环保事业。中国环境保护协会的作用是：促进我国环保技术的进步与发展，提高我国环保产品的产业结构；搭建政府与企业之间的桥梁；团结、凝聚各社团组织以及各方面的力量，共同参与和关爱环保工作；加强环境监督，维护公众和社会环境权益；协助和配合政府实现国家环境目标、任务，促进中国环境保护事业的顺利发展。中国环境保护协会的目标是：确立中国环保社团应有的国际地位，参加双边、多边与环境相关的国际民间交流与合作，维护我国良好环境的国际形象，推动全人类环境保护事业的进步与发展。

➤六、中华环境保护基金会

中华环境保护基金会成立于1993年4月，是中国第一个专门从事环境保护事业的基金会，是具有独立法人资格、非营利性的社团组织。2004年获得财政部、国家税务总局关于准许纳税人向中华环境保护基金会的捐赠，给予所得税税前全额扣除的政策。2005年获得联合国经济与社会理事会的"特殊咨商地位"。

中华环境保护基金会的宗旨是"广泛募集，取之于民，用之于民，保护环境，造福人民"。所募资金和物资，用于表彰和奖励在中国环境保护事业中做出突出贡献的组织和个人，资助和开展与环境保护有关的各类公益活动和项目，促进中国环境保护事业的发展。

环保主旋律，公益大舞台。从成立之日起，中华环境保护基金会就融入时代环保的主题之中。随着中国环境保护战略思想的转变，中华环境保护基金会围绕国家环保的中心工作也得到了迅速发展，在保护环境、服务民生、促进和谐等方面开展了卓有成效的工作。从类型上，已经完成了由单一的环保宣教类活动向宣传教育与环保资助、扶助等多种类型并存的转变；从项目组织形式上，实现了由自身项目向内外结合和指导资助共存的转化；从项目内容上，实现了围绕大气、土壤、水、固体废弃物等环境保护要素为内容的多元化；在能力建设上，实现了由单一团队向地方发展组织的拓展，分别在辽宁、山西、上海、桂林等省市设立了代表处，在募集资金、开展公益活动方面发挥了重要的作用。

近年来，中华环境保护基金会开展的针对大学生"全国高校环保社团小额资助""绿动未来计划""水专项资助""辽宁环保123工程""大学生环保创意大赛""山西高校大学生小额资助"等活动，得到部分企业和组织的大力支持，全国31个省（直辖市、自治区）188所高校的347个社团和一批环保专业的困难学生获得资助，19个环保科研应用项目项获得发明专利，连续多年资助由农工党中央发起的"中国环境与健康宣传周"，以及由中华环保联合会组织的"全国民间环保组织发展论坛"、美术家协会《女娲补天》环保作品画展、援藏基金会西藏太阳灶项目、同济大学环境学院的净化水试验项目、绿家园"湿地自然保护区调研项目"等项目均产生了积极的影响，显现出了环保联合的力量。

责任一小步，公益一大步。二十多年来，中华环境保护基金会围绕生态保护、生物多样性保护、惠民环保、环境意识宣传等领域不断探索、尝试、总结，逐渐形成了一些各具特色的环保公益项目，充分发挥了社会公益组织在经济社会发展中的纽带和助手作用，为社会主义生态文明建设贡献了自己的力量。

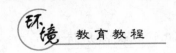

➤ 七、中国环境文化促进会

中国环境文化促进会于 1992 年经国家环境保护总局批准,正式在国家民政部登记注册,是中国环境文化领域唯一的国家一级社团。中国环境文化促进会是直属于中华人民共和国国家环境保护总局,具有社会法人资格的跨地区、跨部门的全国性专业性社会文化团体。中国环境文化促进会由社会各届的专家学者、文学家、艺术家、新闻工作者、企业家及社会知名人士等自愿加盟组成。

中国环境文化促进会的宗旨是:坚持环境保护基本国策,在继承和发扬中国传统文化、吸收和借鉴世界优秀文化的基础上,开展环境文化理论研究和探索,诠释环境文化深刻内涵,大力宣传环境保护,积极倡导人与自然和谐相处和可持续发展的生态文明理念,加强环境文化的理论建设,促进环境文化的交流与发展,树立现代生态平衡观和建立在此基础上的价值观、社会道德观,提高全民的环境意识,为建设中国特色的社会主义生态文明体系,保护人类赖以生存的家园贡献力量。中国环境文化促进会积极开展环境文化、环境教育、环境艺术、环境文学、环境摄影、环境新闻等方面的交流、联谊、培训、研讨、咨询等各类社会活动,充分利用各种文化传播形式,达到宣传环境文化、弘扬绿色理念、促进中国特色社会主义生态文明体系建设和中国环境保护事业发展的目的。

2003 年 7 月,国家环境保护总局党组决定将中国环境文化促进会升格为总局直属单位,并赋予其新的职责。自此,中国环境文化促进会进入全新发展阶段,开展了一系列具有强烈反响的社会活动。例如:举办了第一、二届绿色中国论坛,来自北京学术界、新闻界、企业界、科技界的数百人参加了论坛,并有十几位最具影响力的专家学者到会演讲;举办第一、二期全国大学生环保社团(志愿者)培训营,先后培训了近 300 多位来自全国 157 所大学的环保社团骨干;2004 年 3 月 27 日举行了全国 22 个城市联动、有 10 余万人参加的"绿色中国筑长城"大型公益活动,首倡每年 3 月 27 日作为"全国环保公益日";承办了国家保护臭氧层贡献奖评选活动、中国环境文化节、"6·5"世界环境日纪念活动;等等。以上各项社会活动的开展引起了国内外媒体的广泛关注,电视、广播、网站、报刊等数百家新闻媒体纷纷进行了报道,并制作了大量的专题节目。

由中国环境文化促进主办的网站"天天 65 网"是中国目前最大的环保公益网站,其开设了中国最具影响力的环保志愿者社区,也为全国所有大专院校环保社团提供了免费主页服务。

第二节　环境保护活动日

➤ 一、世界环境日

世界环境日为每年的 6 月 5 日,它的确立反映了世界各国人民对环境问题的认识和态度,表达了人类对美好环境的向往和追求。它是联合国促进全球环境意识、提高政府对环境问题的注意并采取行动的主要媒介之一。1972 年 6 月 5 日在瑞典首都斯德哥尔摩召开了"联合国人类环境会议",会议通过了《人类环境宣言》,并提出将每年的 6 月 5 日定为"世界环境日"。同年 10 月,第 27 届联合国大会通过决议接受了该建议。

世界环境日的意义在于提醒全世界注意地球状况和人类活动对环境的危害,要求联合国系统和各国政府在这一天开展各种活动来强调保护和改善人类环境的重要性。

历年世界环境日主题如下:

1974 年:Only One Earth(只有一个地球)。

1975 年:Human Settlements(人类居住)。

1976 年:Water：Vital Resource for Life(水:生命的重要源泉)。

1977 年:Ozone Layer Environmental Concern，Lands Loss and Soil Degradation，Firewood(臭氧层破坏、水土流失、土壤退化和滥伐森林)。

1978 年:Development Without Destruction(没有破坏的发展)。

1979 年:Only One Future for Our Children—Development Without Destruction(为了儿童和未来——没有破坏的发展)。

1980 年:A New Challenge for the New Decade：Development Without Destruction(新的十年,新的挑战——没有破坏的发展)。

1981 年:Ground Water，Toxic Chemicals in Human Food Chains and Environmental Economics(保护地下水和人类的食物链,防治有毒化学品污染)。

1982 年:Ten Years After Stockholm(Renewal of Environmental Concerns)(斯德哥尔摩人类环境会议十周年——提高环境意识)。

1983 年:Managing and Disposing Hazardous Waste：Acid Rain and Energy(管理和处置有害废弃物,防治酸雨破坏和提高能源利用率)。

1984 年:Desertification(沙漠化)。

1985 年:Youth，Population and the Environment(青年、人口、环境)。

1986 年:A Tree for Peace(环境与和平)。

1987 年:Environment and Shelter：More Than A Roof(环境与居住)。

1988 年:When People Put the Environment First，Development Will Last(保护环境、持续发展、公众参与)。

1989 年:Global Warming，Global Warning(警惕全球变暖)。

1990 年:Children and the Environment(儿童与环境)。

1991 年:Climate Change：Need for Global Partnership(气候变化——需要全球合作)。

1992 年:Only One Earth,Care and Share(只有一个地球——一齐关心,共同分享)。

1993 年:Poverty and the Environment—Breaking the Vicious Circle(贫穷与环境——摆脱恶性循环)。

1994 年:One Earth One Family(一个地球,一个家庭)。

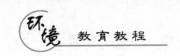

1995 年：We the Peoples：United for the Global Environment（各国人民联合起来，创造更加美好的未来）。

1996 年：Our Earth，Our Habitat，Our Home（我们的地球、居住地、家园）。

1997 年：For Life on Earth（为了地球上的生命）。

1998 年：For Life on Earth—Save Our Seas（为了地球上的生命——拯救我们的海洋）。

1999 年：Our Earth—Our Future—Just Save It！（拯救地球就是拯救未来）。

2000 年：The Environment Millennium—Time to Act（环境千年——行动起来吧）。

2001 年：Connect with the World Wide Web of life（世间万物，生命之网）。

2002 年：Give Earth a Chance（让地球充满生机）。

2003 年：Water—Two Billion People are Dying for It！（水——二十亿人生命之所系）。

2004 年：Wanted！Seas and Oceans—Dead or Alive？（海洋存亡，匹夫有责）。

2005 年：Green Cities—Plan for the Planet！（营造绿色城市，呵护地球家园）。

2006 年：Deserts and Desertification—Don't Desert Drylands！（莫使旱地变荒漠）。

2007 年：Melting Ice—a Hot Topic？（冰川消融，后果堪忧）。

2008 年：Kick the Habit！Towards a Low Carbon Economy（转变传统观念，推行低碳经济）。

2009 年：Your Planet Needs You—Unite to Combat Climate Change（地球需要你——团结起来应对气候变化）。

2010 年：Many Species · One Planet · One Future（多样的物种 · 唯一的星球 · 共同的未来）。

2011 年：Forests：Nature at Your Service（森林：大自然为您效劳）。

2012 年：Green Economy：Does it include you（绿色经济，你参与了吗？）。

2013 年：Think · Eat · Save（思前 · 食后 · 厉行节约）。

2014 年：Raise your voice not the sea level（提高你的呼声，而不是海平面）。

2015 年：Seven Billion Dreams · One Planet · Consume with Care（七十亿人的梦想 · 一个星球 · 关爱型消费）。

2016 年：Go Wild for Life（为生命呐喊）。

2017 年：Connecting People to Nature（人与自然，相联相生）。

历年中国的世界环境日主题如下：

2005 年：人人参与创建绿色家园。

2006 年：生态安全与环境友好型社会。

2007 年：污染减排与环境友好型社会。

2008 年：绿色奥运与环境友好型社会。

2009 年：减少污染　行动起来。

2010 年：低碳减排·绿色生活。

2011 年：共建生态文明,共享绿色未来。

2012 年：绿色消费,你行动了吗?

2013 年：同呼吸,共奋斗。

2014 年：向污染宣战。

2015 年：践行绿色生活。

2016 年：改善环境质量,推动绿色发展。

2017 年：绿水青山就是金山银山。

▷二、世界地球日

每年的 4 月 22 日是世界地球日,世界地球日是一项世界性的环境保护活动。世界地球日的活动最初是在 1970 年由盖洛德·尼尔森和丹尼斯·海斯在美国发起,随后影响越来越大。2009 年第 63 届联合国大会决议将每年的 4 月 22 日定为"世界地球日"。世界地球日的确立旨在唤起人类爱护地球、保护家园的意识,促进资源开发与环境保护的协调发展,进而改善地球的整体环境。

世界地球日没有国际统一的特定主题,它的总主题始终是"只有一个地球"。

中国从 20 世纪 90 年代起,每年都会在 4 月 22 日举办世界地球日活动。每年中国纪念世界地球日,都会确定一个主题。

历年中国的世界地球日主题如下：

1991 年：资源、环境与人类生存。

1992 年：保护地球、资源与环境。

1993 年：保护地球、资源与环境。

1994 年：节约资源、保护环境。

1995 年：拯救地球。

1996 年：保护地球、爱护环境、珍惜资源、防治灾害。

1997 年：保护地球资源与环境。

1998 年：海洋地质与人类。

1999 年：地质灾害防治。

2000 年：地质环境保护。

2001 年：地质遗产保护。

2002 年：让地球充满生机。

2003 年：善待地球,保护资源。

2004 年：善待地球,科学发展。

2005 年：善待地球——科学发展,构建和谐。

2006 年：善待地球——珍惜资源,持续发展。

2007 年：善待地球——从节约资源做起。

2008 年:善待地球——从身边的小事做起。

2009 年:绿色世纪。

2010 年:低碳经济 绿色发展。

2011 年:珍惜地球资源 转变发展方式——倡导低碳生活。

2012 年:珍惜地球资源 转变发展方式——推进找矿突破 保障科学发展。

2013 年:珍惜地球资源 转变发展方式——促进生态文明 共建美丽中国。

2014 年:珍惜地球资源 转变发展方式——节约集约利用国土资源共同保护自然生态空间。

2015 年:珍惜地球资源 转变发展方式——提高资源利用效益。

2016 年:节约集约利用资源,倡导绿色简约生活。

2017 年:节约集约利用资源 倡导绿色简约生活——讲好我们的地球故事。

2018 年:珍惜自然资源 呵护美丽国土——讲好我们的地球故事。

每年 4 月 22 日,我国各地都要举办丰富多彩的世界地球日活动,使公众增强保护地球、维护人类生存发展与环境安全的意识和责任。这一天,上到政府部门,下到企业单位,再到校园学生,都积极参与到世界地球日的活动中来。活动的目的只有一个:保护地球这个人类共同的家园,善待人类赖以繁衍生息的栖息地。

➤ 三、世界水日

每年的 3 月 22 日是世界水日。1993 年 1 月 18 日,第四十七届联合国大会作出决议,根据联合国环境与发展会议通过的《二十一世纪议程》第十八章所提出的建议,确定每年的 3 月 22 日为"世界水日"。世界水日旨在推动对水资源进行综合性统筹规划和管理,加强水资源保护,解决日益严峻的缺乏淡水问题,开展广泛的宣传以提高公众对开发和保护水资源的认识。联合国水机制和联合国人居署负责对全球的世界水日活动进行协调。

中华人民共和国水利部确定每年的 3 月 22 日至 28 日为"中国水周"(1994 年以前为 7 月 1 日至 7 日),从 1991 年起,我国还将每年 5 月的第二周作为城市节约用水宣传周。中国水周是为了进一步提高全社会关心水、爱惜水、保护水和水忧患意识,促进水资源的开发、利用、保护和管理。

(一)历届主题

历年世界水日主题如下:

1994 年:Caring for Our Water Resources Is Everyone's Busines(关心水资源是每个人的责任)。

1995 年:Women and Water(女性和水)。

1996 年:Water for Thirsty Cities(为干渴的城市供水)。

1997 年:Is there Enough(水的短缺)。

1998 年:Groundwater—The Invisible Resource(地下水——正在不知不觉衰减的资源)。

1999 年:Everyone Lives Downstream(我们(人类)永远生活在缺水状态之中)。

2000 年：Water and Health—Taking Charge(卫生用水)。

2001 年：Water for The 21st Century(21 世纪的水)。

2002 年：Water for Development(水与发展)。

2003 年：Water for The Future(水——人类的未来)。

2004 年：Water and Disasters(水与灾害)。

2005 年：Water for Life(生命之水)。

2006 年：Water and Culture(水与文化)。

2007 年：Water Scarcity(应对水短缺)。

2008 年：International Year of Sanitation(涉水卫生)。

2009 年：Transboundray Water—the Water Sharing，Sharing Opportunities(跨界水——共享的水、共享的机遇)。

2010 年：Communicating Water Quality Challenges and Opportunities(关注水质、抓住机遇、应对挑战)。

2011 年：Water for Cities(城市水资源管理)。

2012 年：Water and Food Security(水与粮食安全)。

2013 年：Water Cooperation(水合作)。

2013 年我国纪念"世界水日"和"中国水周"活动的宣传主题为"节约保护水资源，大力建设生态文明"。

2014 年：Water and Energy(水与能源)。

2014 年我国纪念"世界水日"和"中国水周"活动的宣传主题为"加强河湖管理，建设水生态文明"。

2015 年：Water and Sustainable Development(水与可持续发展)。

2015 年我国纪念"世界水日"和"中国水周"活动的宣传主题为"节约水资源，保障水安全"。

2016 年：Water and Jobs(水与就业)。

2016 年我国纪念"世界水日"和"中国水周"活动的宣传主题为"落实五大发展理念，推进最严格水资源管理"。

2017 年：Wastewater(废水)。

2017 年我国纪念"世界水日"和"中国水周"活动的宣传主题为"落实绿色发展理念，全面推行河长制"。

2018 年：Nature for Water(借自然之力，护绿水青山)。

2018 年我国纪念"世界水日"和"中国水周"活动的宣传主题为"实施国家节水行动，建设节水型社会"。

(二)《世界水资源开发报告》敲响警钟

2006 年世界水日的主题是"水与文化"。联合国教科文组织公布《世界水资源开发报告》，面对全球水资源开发问题，敲响九声警钟。

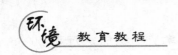

第一声警钟：水资源管理、制度建设、基础设施建设不足，饮水困难。由于管理不善、资源匮乏、环境变化及基础设施投入不足，全球约有 1/5 人无法获得安全的饮用水。

第二声警钟：水质差导致生活贫困。2002 年，全球约有 310 万人死于腹泻和疟疾，其中近 90% 是不满 5 岁的儿童。

第三声警钟：大部分地区水质下降。淡水物种和生态系统多样性迅速衰退，退化速度快于陆地和海洋生态系统。

第四声警钟：90% 灾害与水有关。许多自然灾害都是土地使用不当造成的恶果。日益严重的东非旱灾就是一个沉痛的实例。

第五声警钟：农业用水供需紧张。农业用水已经占到全球人类淡水消耗的近 70%。

第六声警钟：城市用水紧张。预计到 2030 年，全球城镇人口比例会增加到近 2/3，从而造成城市用水需求激增，城市用水紧张。

第七声警钟：水力资源开发不足。发展中国家有 20 多亿人得不到可靠能源，而水是创造能源的重要资源。

第八声警钟：水资源浪费严重。世界许多地方有多达 30%～40%，甚至更多的水资源被白白浪费掉了。

第九声警钟：对水资源的投入滞后。用于水务部门的官方发展援助平均每年约为 30 亿美元，世界银行等金融机构还会提供 15 亿美元非减让性贷款，但这些资金中只有 12% 用在了最需要帮助的人身上，用于制定水资源政策、规划和方案的援助资金仅占 10%。

➤四、世界森林日

"世界森林日"，又被译为"世界林业节"，英文是"World Forest Day"。这个纪念日是于 1971 年，在欧洲农业联盟的特内里弗岛大会上，由西班牙提出倡议并得到一致通过的。同年 11 月，联合国粮农组织（FAO）对"世界森林日"正式予以确认。

历年世界森林日主题如下：

2007 年：森林——我们的骄傲。

2008 年：善待森林，无异于善待人类自己。

2009 年：地球呼唤绿色，人类渴望森林。

2010 年：加强湿地保护，减缓气候变化。

2011 年：庆祝：为人类保护而持续增长的森林。

2012 年：保护地球之肺。

2014 年：让地球成为绿色家园。

2015 年：森林与气候变化。

2016 年：森林与水。

2017 年：森林与能源。

2018 年：森林和可持续城市。

➤ 五、国际生物多样性日

联合国大会于 2001 年 5 月通过决议,宣布每年 5 月 22 日为"国际生物多样性日" (Iternational Day for Biological Diversity),以增加对生物多样性问题的理解和认识。生物多样性不是一个关于动物、植物等的简单概念,而是一个事关人类生活质量和发展质量的重要概念。

生物多样性是地球上生命经过几十亿年发展进化的结果,是人类赖以生存的物质基础。为了保护全球的生物多样性,1992 年在巴西里约热内卢召开的联合国环境与发展大会上,153 个国家签署了《保护生物多样性公约》。1994 年 12 月,联合国大会通过决议,将每年的 12 月 29 日定为"国际生物多样性日",以提高人们对保护生物多样性重要性的认识。2001 年 5 月 17 日,根据第 55 届联合国大会第 201 号决议,"国际生物多样性日"由每年的 12 月 29 日改为每年 5 月 22 日。

生物多样性包括生态系统多样性、物种多样性和基因多样性三个层次。

联合国环境规划署发布的《生物多样性展望》报告认为,生物多样性会通过生态系统发挥四大功能:一是提供对人类直接有益的产品,如森林木材、药用植物以及江河湖海中的鱼类等;二是调节功能,如影响气候和降雨量,通过天然方式清除环境污染等;三是文化功能,一些特定的生态系统可成为旅游景观;四是对生态系统运转至关重要的支持性功能,如土壤的形成等。

生物多样性与人类生活密切相关,联合国《生物多样性公约》秘书处每年都会提出一个主题,表明生物多样性与全球热点问题的关系。

历年国际生物多样性日主题如下:

2001 年:生物多样性与外来入侵物种管理。

2002 年:关注森林生物多样性。

2003 年:生物多样性和减贫——可持续发展的挑战。

2004 年:生物多样性:粮食、水和健康的保障。

2005 年:生物多样性:适应世界变化的生命保障。

2006 年:保护干旱地区的生物多样性。

2007 年:生物多样性与气候变化。

2008 年:生物多样性与农业。

2009 年:外来入侵物种。

2010 年:生物多样性促进发展。

2011 年:森林生物多样性。

2012 年:海洋生物多样性。

2013 年:水和生物多样性。

2014 年:岛屿生物多样性。

2015 年:生物多样性助推可持续发展。

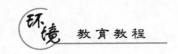

2016 年：生物多样性主流化，可持续的人类生计。

2017 年：生物多样性与旅游可持续发展。

2018 年：纪念生物多样性行动 25 周年。

➤ 六、世界清洁地球日

世界清洁地球日又名世界清洁日，英文为 Clean Up the World Weekend（CUW Weekend）。它是全球性清洁活动，是由澳大利亚的国际环保组织 Clean Up the World 的伊恩基南发起，时间定在 9 月的第三个周末，现为全球最重要的环境保护活动之一，每年全世界有超过 125 个国家和地区、4000 万人参加这个活动。

地球是我们共同生活的家园。随着工业化的发展，工业废料和生活垃圾的日渐增多，地球有限的自净能力已难以承受日渐沉重的压力。例如，我们常用的泡沫快餐饭盒，由于它不能自行分解，对于地球来说，就是一种永远无法消除的"白色污染"。又如，我们日常用的汽油、柴油等燃料，也是污染地球环境的元凶之一。为了保持地球家园的清新宜人，大家要从我做起，不乱扔杂物，减少能源污染，维护地球的清洁。这就是确定"世界清洁地球日"的意义。

➤ 七、国际臭氧层保护日

1995 年 1 月 23 日，联合国大会通过决议，确定从 1995 年开始，每年的 9 月 16 日为"国际保护臭氧层日"（International Ozone Layer Protection Day）。联合国环境规划署自 1976 年起陆续召开了各种国际会议，通过了一系列保护臭氧层的决议。尤其在 1985 年发现了在南极周围臭氧层明显变薄，即所谓的"南极臭氧空洞"问题之后，国际上保护臭氧层以及保护人类子孙后代的呼声更加高涨。

1977 年 3 月，联合国环境规划署理事会在美国华盛顿哥伦比亚特区召开了有 32 个国家参加的"评价整个臭氧层"国际会议。会议通过了第一个"关于臭氧层行动的世界计划"。这个计划包括监测臭氧和太阳辐射，评价臭氧耗损对人类健康影响、对生态系统和气候影响等，并要求联合国环境规划署建立一个臭氧层问题协调委员会。

1980 年，臭氧层问题协调委员会提出了臭氧耗损严重威胁着人类和地球的生态系统这一评价结论。

1981 年，联合国环境规划署理事会建立了一个工作小组，起草保护臭氧层的全球性公约。

1987 年 9 月 16 日，联合国环境规划署在加拿大蒙特利尔召开国际臭氧层保护大会，通过了《关于消耗臭氧层物质的蒙特利尔议定书》（以下简称为《蒙特利尔议定书》），对控制全球破坏臭氧层物质的排放量和使用提出了具体要求。

1995 年，联合国大会决定把每年的 9 月 16 日作为"国际保护臭氧层日"，要求《蒙特利尔议定书》所有缔约方采取具体行动纪念这个日子。中国于 1991 年成为议定书缔约方。

国际臭氧层保护日历年主题如下：

1998 年：为了地球上的生命，请购买有益于臭氧层的产品。

1999 年：保护天空，保护臭氧层。

2000 年：拯救我们的天空：保护你自己，保护臭氧层。

2004 年：拯救蓝天，保护臭氧层：善待我们共同拥有的星球。

2005 年：善待臭氧，安享阳光。

2006 年：保护臭氧层，拯救地球生命。

2007 年：加速淘汰消耗臭氧层物质行动。

2008 年：《蒙特利尔议定书》——国际合作保护全球利益。

2009 年：全球参与：携手保护臭氧层。

2010 年：臭氧层保护：治理与合规处于最佳水平。

2011 年：淘汰氟氯烃：绝佳机会。

2012 年：为子孙后代保护大气层。

2013 年：健康的大气环境，我们期待的未来。

2014 年：保护臭氧层，保护我们自己，继续使命。

2015 年：加速淘汰消耗臭氧层物质行动。

2016 年：世界联合恢复臭氧层与气候。

2017 年：呵护阳光下的生命。

参考文献

[1] 艾沃·F.古德森. 环境教育的诞生[M]. 贺晓星,等,译. 上海:华东师范大学出版社,2001.

[2] Joy A. Palmer. 21 世纪的环境教育:理论、实践、进展与前景[M]. 田青,等,译. 北京:中国轻工业出版社,2002.

[3] John Huekle,Stephen Sterling. 可持续发展教育[M]. 王民,等,译. 北京:中国轻工业出版社,2002.

[4] 岸根卓郎. 环境论:人类最终的选择[M]. 何鉴,译. 南京:南京大学出版社,1999.

[5] 曲格平. 从斯德哥尔摩到约翰内斯堡的道路:人类环境保护史上的三个路标[J]. 环境保护,2002(6):11-15.

[6] 徐辉,等. 国际环境教育的理论与实践[M]. 北京:人民教育出版社,1999.

[7] 祝怀新. 环境教育论[M]. 北京:中国环境科学出版社,2002.

[8] 牛文元,等. 可持续发展理论的系统解析[M]. 武汉:湖北科学技术出版社,1998.

[9] 国家环境保护局. 中国环境教育的理论与实践[M]. 北京:中国环境科学出版社,1991.

[10] 中国 21 世纪议程:中国 21 世纪人口、环境与发展白皮书[M]. 北京:中国环境科学出版社,1994.

[11] 张坤民. 可持续发展论[M]. 北京:中国环境科学出版社,1997.

[12] 盛连喜. 现代环境科学导论[M]. 北京:化学工业出版社,2002.

[13] 李道增. 环境行为学概论[M]. 北京:清华大学出版社,1999.

[14] 奕玉广. 系统自然观[M]. 北京:科学出版社,2003.

[15] 黄鼎成,等. 人与自然关系导论[M]. 武汉:湖北科学技术出版社,1997.

[16] 延军平,等. 跨世纪全球环境问题及行为对策[M]. 北京:科学出版社,1999.

[17] 李焰. 环境科学导论[M]. 北京:中国电力出版社,2000.

[18] 何强,等. 环境学导论[M]. 3 版. 北京:清华大学出版社,2004.

[19] 曲向荣. 环境学概论[M]. 2 版. 北京:科学出版社,2017.

[20] 窦贻俭. 环境学原理[M]. 南京:南京大学出版社,1997.

[21] 关伯仁.环境科学基础教程[M].北京:中国环境科学出版社,1995.

[22] 程发良,等.环境保护基础[M].北京:清华大学出版社,2002.

[23] 陈英旭.环境学[M].北京:中国环境科学出版社,2001.

[24] 陈征澳,邹洪涛.环境学概论[M].广州:暨南大学出版社,2011.

[25] 伍光和,王乃昂,胡双熙,等.自然地理学[M].4版.北京:高等教育出版社,2008.

[26] 王岩,陈宜俍.环境科学概论[M].北京:化学工业出版社,2003.

[27] 胡筱敏.环境学概论[M].武汉:华中科技大学出版社,2010.

[28] 仝川.环境科学概论[M].2版.北京:科学出版社,2017.

[29] 施雅风,等.中国自然灾害灾情分析与减灾对策[M].武汉:湖北科学技术出版社,1992.

[30] 科技部国家计委国家经贸委灾害综合研究组.中国重大自然灾害与社会图集[M].广州:广东科技出版社,2004.

[31] 曾令锋,吕曼秋,戴德艺.自然灾害学基础[M].北京:地质出版社,2015.

[32] 许武成.灾害地理学[M].北京:科学出版社,2018.

[33] 蔡运龙.地理学思想经典解读[M].北京:商务印书馆,2010.

[34] 叶文虎.可持续发展引论[M].北京:高等教育出版社,2001.

[35] 朱国宏.人地关系论[M].上海:复旦大学出版社,1996.

[36] 董强.马克思主义生态观研究[M].北京:人民出版社,2015.

[37] 杨冠政.环境伦理学概论[M].北京:清华大学出版社,2013.

[38] 李晓菊.环境道德教育研究[M].上海:同济大学出版社,2008.

[39] 马桂新.环境教育学[M].北京:科学出版社,2007.

[40] 沈国明.21世纪生态文明[M].上海:上海人民出版社,2005.

[41] 李久生.环境教育论纲[M].南京:江苏教育出版社,2005.

[42] 余谋昌.环境伦理学[M].北京:高等教育出版社,2004.

[43] 李培超.自然的伦理尊严[M].南昌:江西人民出版社,2001.

[44] 朱坦.环境伦理学理论与实践[M].北京:中国环境科学出版社,2001.

[45] 霍尔姆斯·罗尔斯顿.环境伦理学[M].北京:中国社会科学出版社,2000.

[46] 邝福光.环境伦理学教程[M].北京:中国环境科学出版社,2000.

[47] 叶平.生态伦理学[M].哈尔滨:东北林业大学出版社,1994.

[48] 刘湘溶.生态伦理学[M].长沙:湖南师范大学出版社,1992.

[49] 许大伟.大学生环境行为与环境教育研究[M].北京:科学出版社,2013.

[50] 赖曦,成书玲.公众参与环境保护活动的现状研究[J].法制与社会,2008(2):58-59.

[51] 黄永斌.大学生环境行为的影响因素及其培育[J].集美大学学报(哲学社会科学版),2014,17(04):124-129.

[52] 李文娟.影响个人环境保护行为的多因素分析[D].厦门:厦门大学,2006.

［53］李莉，范叶超.环境意识对大学生环境行为的影响研究［J］.当代青年研究,2011(9)：67-71.

［54］徐大伟，段姗姗，王佳宏，等.我国大学生环境行为群体效应的实证研究:基于12所高校的调研数据分析［J］.中国高教研究,2011(3):51-54.

［55］沈昊婧，谢双玉，高悦，等.大学生环境行为调查及其影响因素分析:以武汉地区为例的实证研究［J］.华中师范大学学报(自然科学版),2010,44(4):702-707.

［56］刘计峰.大学生环境行为的影响因素分析［J］.当代青年研究,2008(11):61-66.

［57］赵冰.思想政治教育视域下大学生环境教育研究［D］.沈阳:沈阳师范大学,2015.

［58］吴双桃.关于加强大学生环境教育的思考和建议［J］.大学教育,2014(8):143-144.

［59］马燕，李志萍.论加强大学生环境教育与生态环保意识培养［J］.教育教学论坛,2012(21)：82-83.

［60］武艳华.环境行为影响因素对大学生环境教育的启示［J］.人口·社会·法制研究,2010(00):457-463.

［61］刘建伟，郭桂平.高校大学生环境教育刍议［J］.高等教育研究学报,2010,33(3):21-23.

［62］刘芳.世界环保组织［M］.合肥:安徽文艺出版社,2012.

［63］安雪菡，张保钢.世界地球日［M］.广州:广东省地图出版社,2016.

［64］张风春，李俊生，刘文慧.生物多样性基础知识［M］.北京:中国环境科学出版社,2015.

［65］陈开和.借助国际组织宣传环保理念［J］.对外传播,2010(9):18.

［66］尹文.世界自然基金会:环保NGO的先行者［J］.环境教育,2009(8):59-61.

［67］朱胄.浅论国际非政府环保组织国际环境法主体地位的理论与实践［J］.法制与经济(中旬刊),2008(12):28-29.

［68］周宇，耿国彪.国际组织中国环保"第四方力量"［J］.绿色中国,2007(1):20-21.